신비로운
차원의 세계

JIGEN TOWA NANIKA

Original Japanese edition Published by SB Creative Corp.
Korean translation rights © 2022 by Books-Hill Publishers Co.. Inc.
Korean translation rights arranged with SB Creative Corp., Tokyo
through EntersKorea Co., Ltd. Seoul, Korea

POST SCIENCE/18

신비로운
차원의 세계

0차원에서 시작하여
다차원, 잉여차원까지

공간과 시공간의
수수께끼를 푼다!

신카이 유미코 · 하인츠 호라이스 · 야자와 키요시 | 지음
전재복 | 옮김

북스힐

시작하면서

이 책은 눈앞에 있는 공 한 개(그림 1)에서 이야기를 시작하는데, 장이 진행되면서 이야기 속으로 무엇인가 파고들어 와 복잡하고 기이한 방향을 언급할지도 모른다.

그것은 최근 「다차원」이라든가 「잉여차원」이라는 물리학이나 우주론의 세계의 새로운 용어가 일반 사회에서도 널리 회자되고 있고, 차원을 주제로 하는 책을 쓸 때는 이러한 새로운 말을 피할 수 없기 때문이다.

그림 1 공 하나

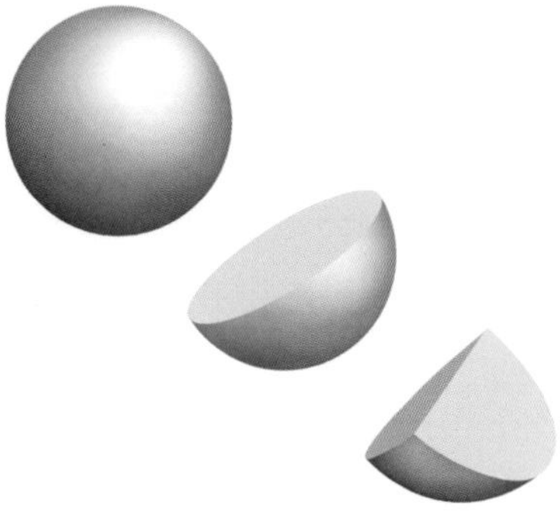

그런데 앞서 언급한 문제의 공 이야기인데, 이것은 탁구공처럼 속이 비어있는 것이 아니고, 빈틈없이 속이 꽉 차 있는 공 모양이다. 이러한 공은 입체적 또는 3차원적이다. 속은 지금처럼 3D나 3-dimensional이라고 부른다.

어떻든 이 공은 가로와 세로 그리고 높이라는 3개의 양으로 공간적으로 퍼지는 것을 결정하므로 3차원적이라고 부른다.

여기에서 말하는 차원은 수학이나 물리학 세계에서 사용되는 용어나 정의로서의 차원을 말하고, 누군가가 「나는 너와 차원이 다른 세계에 살고 있다」고 말하는 것과 같은 사회적, 비유적인 표현으로서의 차원은 아니다. 그렇다 하더라도 후자와 같은 일상생활에서 말하는 차원을 자유롭게 사용하는 것도 사실은 전자의 용어에서 유래된 것이므로, 이 책에서는 그 말의 원시적인 유래에서 시작하여 도중에 거기에서 벗어날 수도 없다는 예감이 든다.

다시 처음부터 이야기 해보면, 앞서 말한 속이 꽉 찬 공을 칼로 한 번 자르면 나뉜 공은 두 개의 같은 '면'이 생긴다. 이 면은 가로와 세로는 있지만 두께는 없다. 결국 면은 두 개의 양을 갖는 「2차원」 도형이고, 처음 3차원인 공에 있었던 부피나 체적을 잃어버리고 넓이만 남게 된다.

그리고 면이라는 이 도형의 어딘가를 칼로 한 번 더 자르면 도형을 자른 곳에 '선'이 나타난다. 이 선은 폭과 속이 없고, 길이라는 하나의 양만 있다. 이렇게 해서 선에는 부피가 사라지고, 마침내 넓이도 사라져버린다. 선이라는 단 한 개의 양인 길이만 남는 것이다. 즉, 길이가 「1차원」인 것이다.

그리고 더욱이 2차원의 벤 자리에서 나타난 이 선을 한 번 더 칼로 자른다. 그러면 선을 벤 자리에 무한히 작은 '점'이 모습을 나타낸다. 점은 우리가 상상할 수 있는 가로, 세로, 깊이가 없고, 따라서 넓이와 부피도 없다. 이를 자르는 순간, 소위 과거에서 미래로 옮겨가는 도중의 통과하는 점처럼 나타날 뿐이다. 이 점에는 우리가 볼 수 있는 양으로서의 차원이 아무것도 없으므로(또는 0개의 차원이 있다), 「0차원」이라고 부르는 것이다.

이렇게 보면 좀더 쉽게 알아볼 수 있을 것이다. 0차원은 1차원 속에서 나타나고, 1차원은 2차원 속에서, 그리고 2차원은 3차원 속에서 나타나는 것이다. 즉, 개개의 차원은 각각이 독립해서 존재하는 것이 아니라 낮은 차원이 높은 차원 속에 숨어있는, 한마디로 접혀있는 것이다.

이러한 차원은 누구나 알기 쉬운 차원이다. 그러나 앞서 언급했듯이 최근 일부 물리학자나 우주론학자들이 이야기하고 있는 「초끈 이론」이나 「브레인 우주론」 또는 「멀티패스(다원우주)」 등이 예언하는 우주는 우리들의 이러한 직감적인 3차원 공간이나 아인슈타인의 상대성 이론이 예언하는 4차원 시공간이라는 견해에서는 도저히 설명되지 않는 차원을 가지고 있다.

그러한 우주는 5차원, 10차원, 11차원—혹시 26차원이나 무한차원— 등의 '4차원 시공간 + 잉여차원'의 공간이고, 더욱이 무수히 많은 우주가 비눗방울처럼 넓디넓은 시공간 속에 나타났다가 사라져 버린다고도 말한다. 차원은 지금이야말로 쉽지 않은 사태에 직면하고 있고, 이러한 시대에 살고 있는 우리들은 말 그대로 '머리가 이상해질 것 같은' 느낌이 든다.

이 책은 세 명의 공저자가 참여했으며, 처음부터 누가 어떤 범위를 쓸지는 정하질 않았다. 공저자 중 한 사람은 과학적 약속이나 법칙을 존중해서 본래의 주제에 충실했고, 다른 한 사람은 새로운 가설이나 이론을 얼음과 같은 차가운 눈으로 냉철하게 바라보았으며 나머지 한 사람은 무아지경과 풍자가 뒤섞인 흙탕물에 허리까지 담그고 있는 모습이다. 그러므로 이 책은 서로 용납하지 않는 세 개의 혼이 섞여 있는 차원의 세계를 써 내려갈지도 모른다.

또 공저자 중 한 사람이 영어로 쓴 부분은 젊고 예리한 연구자인 타나카(田中智行) 씨가 번역의 수고를 해 주었다. 다시 한 번 그에게 감사를 표하는 바이다.

마지막으로 소프트뱅크 크리에이티브의 마스다(益田賢治) 편집장에게 감사드린다. 그는 일정이 지연된 경우에도 항상 너그러운 마음으로 받아준 특별한 차원의 사람이다.

세 사람의 공저자를 대신하여

야자와 키요시

역자 서문

공간의 성질을 나타내는 차원이라는 단어는 0차원인 점에서 시작한다. 점이 움직이면서 자취를 그리면 그것은 1차원인 선이 된다. 인간은 이렇게 해서 점이나 선으로 차원을 정의하고 그것을 증명해왔다. 그래서 고대 그리스 이래로 자연철학자나 수학자가 차원을 고찰해 온 발자취를 이 책을 통하여 따라가 본다.

유클리드 기하학이 나타나면서 0차원과 1차원의 증명은 되었지만, 그것은 2차원의 세계 전체에는 통용되지 않는다는 게 밝혀졌다. 그리고 비유클리드 기하학이 도입되었을 때, 결국 복잡한 '굽은 2차원'의 세계에서도 측량이 가능하게 되었다.

우리가 살고 있는 일상 세계는 3차원이다. 그렇지만 한 번 보고서 당연한 3차원 공간도 물리학자들에게는 쉬운 세계만은 아니다. 공간 속에 이질적인 물질이 존재하는지 공간과 물질은 같은 것일지 등의 명제에 의문을 가진다. 여기서는 뉴턴의 절대공간, 우주라는 공간, 그리고 3차원 공간의 비연속성으로의 발을 들여놓게 되면서 심연의 세계로 빠져들게 된다.

3차원 공간을 넘는 세계는 우리들의 현실감각으로는 미지의 영역에 속한다. 3차원 공간과 4차원 시공간은 무엇이 다른가? 시간은 어떻게 하면 공간이 갖는 성질의 하나가 될 수 있을까? 아인슈타인의 상대성이론이나 리만 기하학이 예언하는 공간의 기묘한 성질도 여기서 고찰한다.

그때까지 아무도 언급한 적이 없는 5차원의 세계는 물리학에서 가장 중요한 분야의 하나인 전자기학을 상대성이론에 융합하려고 한 독일의 칼루차와 스웨덴의 클라인에 의해서 생겨났다. 그렇지만 이 야심적인 시도는 공간에 대한 인간의 이해에 새로운 수수께끼와 논쟁을 보태게 된다.

5차원 공간을 완전히 잊어버리고 있을 무렵, 물리학 세계에서는 새로운 소립자의 발견이 이어지고 "소립자 동물원"의 출현에 누구든 어리둥절한다. 거기에 양자역학과 중력의 통일을 목표로 하는 가장 유력한 후보인 「끈 이론」이 모습을 드러내면서 망각의 저편에 있었던 다차원 공간이 구세주가 되어 되살아난다.

끈 이론은 당초 26개의 차원을 갖는 다차원 세계를 예언했다. 그 후 이론가들은 차원의 수를 10까지 줄였지만, 그래도 6개의 '잉여차원'이 극히 미세한 공간에 접혀있다고 주장했다. 더욱이 랜들은, 거기에서 미지의 브레인 우주를 이끌고 세계에 충격을 던져주었다.

이처럼 차원의 역사는 소위 차원을 한결같이 고찰하는 사람들의, 그리고 거기에서 생겨난 차원을 필요로 하는 사람들의 전매특허와 같은 일의 역사였다. 그런 사람들로는 고대의 자연철학자, 근대의 수학자나 물리학자 그리고 현대의 우주론학자라는 '차원의 우수한 학생들'이다.

시대를 앞서 나가 새로운 공간이나 시간의 견해를 제기한 이런 사람들의 대부분은, 현재 수학자나 물리학자로서 역사에 이름을 남기고 있다. 지금 새로운 차원의 세계관에 몰두하고 있는 사람들이 내일은 위대한 과학자로서 자기 무덤에 차원에 대한 묘비명을 새길지도 모른다. 그때까지 우리 일반 사회의 직무는 그들이 마침내 성공을 거두고 이 세계가 다차원이나 잉여차원으로부터 이루어지는 것을 실증에 의하여 보이고 또는 M이론이나 브레인 우주가 21세기적인 회답을 가져오는 날을 인내심 있게 기다리고 있는 것일지 모른다.

이 책을 접하는 여러분들은 다행스럽게도 차원이라는 신세계의 진면목을 감상하게 되는 기회를 갖게 될 것이다.

2022년 5월

북악산 기슭 연구실에서 역자 씀

차례
CONTENTS

시작하면서 5

Chapter 1 **0차원에서 1차원의 세계로** 17

모든 것은 '점'에서 시작한다 18
「유클리드 기하학」의 탄생 19
점과 선을 정의해도 무의미? 24
단순히 '무한'은 선이 되질 않는다 25
1차원 공간의 점은 항상 같다? 28
lineland(선의 나라)의 생명체 31
1차원에서 3차원을 만든다 33
칼럼 • 1차원에는 없는 선이 있다 37

Chapter 2 **2차원의 세계** 41

「평행선의 공준」을 증명하라 42
천재가 만들어 낸 새로운 기하학체계 45
유클리드 기하학에서 비유클리드 기하학으로 48
「리만 기하학」의 탄생 52
2차원 세계에 사는 '스퀘어씨'의 세계 56
2차원 세계를 잰다 59
사람의 눈에는 2차원밖에 보이지 않는다 61
칼럼 • 중성자별의 2차원적인 생물 63

Chapter 3 **3차원의 세계** 67

공간과 물질은 같은 것 68

뉴턴의 3차원의 「절대공간」 72

우주의 3차원 공간은 평탄한가? 77

빅뱅우주론과 평탄한 우주 80

우주는 평탄한 채로 팽창? 84

3차원 공간은 연속하지 않다? 85

칼럼 • 3차원 우주와 정다면체 86

Chapter 4 **3차원에서 4차원 시공간으로** 89

수학자와 물리학자에게 '새로운 차원' 90

리만의 '굽은 공간'의 등장 95

수학자와 물리학자의 입장 차이 96

우주의 3차원 공간은 평탄한가? 98

시간과 길이가 늘어나거나 줄어드는 우주 101

민코스키와 아인슈타인의 「시공간」 102

잉여차원이라는 "마법의 지팡이" 107

아득히 먼 '궁극의 이론'을 향하여 110

빛의 진로는 중력장 속에서는 굽는다 113

칼럼 ① • 리만의 n차원 기하학 118

칼럼 ② • 두 개의 상대성이론 121

칼럼 ③ • 시간차원과 공간차원은 어떻게 다른가? 123

Chapter 5 모습을 드러낸 5차원 공간 125

'5차원'으로의 첫 마디 126
공간의 '사자 파'를 예언하는 칼루차-클라인 이론 130
'죽은 몸'이 된 5차원의 세계 137
16차원, 26차원을 다루는 이론가 139
'숨겨진 차원'을 그려내는 시도 140
5차원 공간과 6차원 공간 144
잉여차원은 반드시 모습을 드러낸다? 147
칼럼 • 게이지이론 150

Chapter 6 끈 이론과 다차원 우주 151

소멸된 칼루차-클라인 이론이 부활하다 152
「입자 동물원」에서 「쿼크」로 155
양-밀 이론에 몰두한 난부 요이치로 161
「표준이론」이라는 불완전한 이론 163
중력이 빠진 표준이론으로부터의 전진 165
「진리란 아름다움과 단순함으로 인식되는 것」 166
'진동하는 끈'과 '26차원'의 세계 168
모습을 드러낸 '슈퍼-시메트리(초대칭성)' 172
끈 이론에 중력을 통합하다 174
요절한 샤크를 잇는 사람 176

칼럼 ① • 입자가속기 179
칼럼 ② • 「대칭성」과 「초대칭성」 180

Chapter 7 인간은 브레인우주에 사는 사람인가? 183
10차원의 보다 깊은 수수께끼 184
프린스턴 현악4중주단과 칼라비-야우공간 186
5개의 끈 이론을 통일하는 'M이론' 193
모든 '거품 우주'를 생각해 낸 '다차원 우주' 198
M이론을 단순화한 '브레인 우주론'이 등장하다 200
'중력 브레인'과 '약한 브레인'의 사이 203
'KK입자'의 출현을 바라며 206

더 알아보는 차원이야기 209
수학자와 물리학자의 묘비명 210
시간의 존재와 비존재 212
우리는 어디에 있는가? 215

참고문헌 218
찾아보기 219

CHAPTER

1

0차원에서 1차원의 세계로

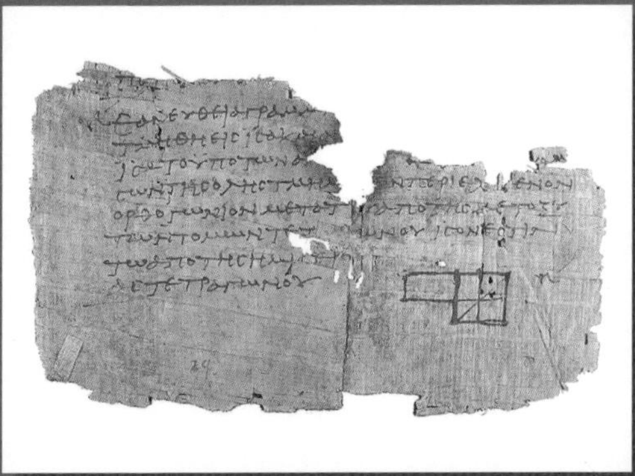

공간의 성질을 나타내는 차원은 0차원인 점에서 시작한다. 점이 움직여 자취를 그리면, 그것은 1차원인 선이 된다. 인간은 이렇게 해서 점이나 선으로 차원을 정의하고, 그것을 증명해왔다. 제1장에서는 고대 그리스 이래로 자연철학자나 수학자가 차원을 고찰해 온 발자취를 따라가 본다.

모든 것은 '점'에서 시작한다

차원은 0차원에서 시작하는데, 점이 바로 그 0차원이다. 따라서 차원에 대한 이야기 역시 점에서 시작해야 한다.

대부분의 사람은 '점'이라고 하면 아주 작고 둥근 것, 즉 '점과 같은 것'을 떠올린다. 예를 들면 종이 위에 연필이나 사인펜으로 쓰거나 찍기도 하는 점, 문장의 끝에 찍거나 두 개의 말을 나누는 점 등이다. 이것은 일상생활에서의 점(영어로 dot나 period)을 말하고, 이 책에서 다루는 점인 point와는 다른 것이다.

종이나 벽에 그려진 점은 가까이에서 자세히 보면 지름이 있다. 종이 위에 연필로 찍은 점의 지름은 아마 0.2 mm 정도나 그 이상일 것이다. 왜냐하면 맨눈으로 볼 수 없는 점은 찍은 의미가 없기 때문이다. 아무튼 이 점은 수학이나 물리학에서 말하는 점이 아니라 정확히는 둥근 원반 모양으로 불러도 될 것이다.

그림 1 토끼의 차원

(그림: Yazawa Science Office)

이 책에서 말하는 점은 평면 위의 '어떤 장소'를 말한다. 이것은 장소이지만 사물은 아니므로 길이, 폭, 높이(물론 색이나 무게, 냄새도 포함)라는 사물의 성질을 나타내는 기준이나 양이 아무것도 없다. 또는 '여기'라든가 '저기'라고 지정된 장소뿐이다. 그래서 사물의 성질을 나타내는 기준이나 양, 즉 차원이 없으므로 점은 0차원 또는 0차원 공간이라고 부른다.

0차원이 점이고 1차원이 선인 것은 이미 이 책을 시작하면서 이야기했다. 이러한 생각은 근대의 수학이나 과학의 역사와 함께 시작한 것이 아니라 2000년 전 그 이상 고대 그리스 철학자들도 이미 점이나 선에 대해 고민하고 생각해왔다. 인간의 고민과 생각이 옛날부터 지금까지 크게 바뀌지 않는다는 의미이기도 하다. 천지를 지배하는 신 아래에는 새로운 것이 없는 법이다.

그래서 지금부터 0차원인 점과 1차원인 선이라는 낮은 산들을 걸어 높은 산에 도전하기 전처럼 '가벼운 걷기 연습'을 하고, 차제에 높은 산을 목표로 하여 가능하다면 마지막은 다차원이나 잉여차원이라는 일상적이지 않은 세계로부터 미지의 우주로까지 발을 뻗쳐보고 싶다.

「유클리드 기하학」의 탄생

0차원의 점을 질질 끌어 이동시키면, 이치상으로는 점의 자취가 선을 그리게 된다. 그러나 실제로 0차원의 점을 움직일 수는 없다. 점은 폭이나 길이도 없는 무한히 작은 존재이므로, 그것을 움직일 방법이나 수단이 없기 때문이다.

또 종이에 직선을 그릴 수는 있지만 어떤 방법을 쓰더라도 그 선에는 폭이 생기므로, 그것은 1차원의 선은 아니다. 점 이야기와 마찬가지로 육안으로 분별해 낼 수 있을 정도로 가는 선도 잘 보면 반드시 폭이 있기 마련이다. 그래서 종이에 그린 선은 폭이 있는 길이, 즉 2차원의 면이라는 것이 분명하다.

그림 2 플라톤(Platon)

플라톤은 현실세계에서 '진짜 직선'은 그릴 순 없어도 인간은 그것을 상상할 수 있다는 것을 중시했다.

기원전 427년에 태어난 플라톤[1](그림 2)은 스승인 소크라테스가 교도소에서 독배를 마시고 죽을 때 그 자리에 모인 제자들의 철학적 이론을 정리하여, 저작인 『파이톤』을 지었다.

이 책은 대부분 소크라테스가 죽음을 어떻게 생각하고 있었는지 또는 영혼의 불멸에 대하여 기록한 것이지만, 1차원 공간에 대한 언급도 하고 있다. 결국 현실세계에서는 선의 폭을 어디까지 가늘게 하더라도 폭이 없는 진정한 선(1차원 공간)을 그릴 수는 없다는 것이다.

1_플라톤(기원전 427~347년). 아테네의 명문가에서 태어났다. 소크라테스로부터 배웠고 그가 죽은 뒤 각지를 편력하지만, 기원전 387년에 아테네로 돌아와 「아카데미아」를 설립, 아리스토텔레스 등 많은 제자를 길렀다. 그는 참인 실제는 눈에 보이는 현상의 뒤에 있다 하였고, 그것을 이데아라고 불렀다. 이데아의 세계는 이성에 의한 보편적 인식에 의해서만 파악할 수 있다고 하였다. 그의 철학사상은 『소크라테스의 변명』, 『향연』, 『국가』 등 많은 대화편에 남아있다.

그림 3 유클리드(Euclid = Eukleides)

고대 그리스의 수학자. 그의 저작인 『원론』은 그 후부터
지금에 이르는 수학 세계에 지극히 큰 영향을 주고 있다.

그렇지만 플라톤은 현실세계에 진정한 선이 존재하지 않는다고 하더라도, 우리가 폭이 없는 선을 상상할 수 있다는 것을 중시하였다. 예를 들어 진짜 선이 눈에는 보이지 않더라도 그것은 존재한다라고 생각했던 것이다.

플라톤이 죽고 나서 20년 정도 뒤에 태어난 유클리드[2](에우클레이디스. 그림 3)는 1차원의 선을 보다 엄밀하게 정의했다. 그는 당시의 세계에서 가장 유명한 도시 중의 하나였던 이집트 북부의 지중해에 면한

2_유클리드(기원전 4세기경). 이집트의 학교 무세이온에서 배웠고, 알렉산드리아에서 활약한 그리스인 수학자. 몇 개의 수학적 정의와 공리로부터 출발하여, 논리적인 순서를 밟아 명제를 하나하나 증명함으로써 기하학의 체계를 확립하였으며 『원론』 전13권으로 정리하였다(유클리드 기하학). 그에 관한 기술은 단편적이고, 또는 수학자의 집단이었는지도 모른다. 이집트 왕에게 「학문에는 지름길이 없다」라고 말한 것이 전해지고 있다.

그림 4 유클리드의 『원론』

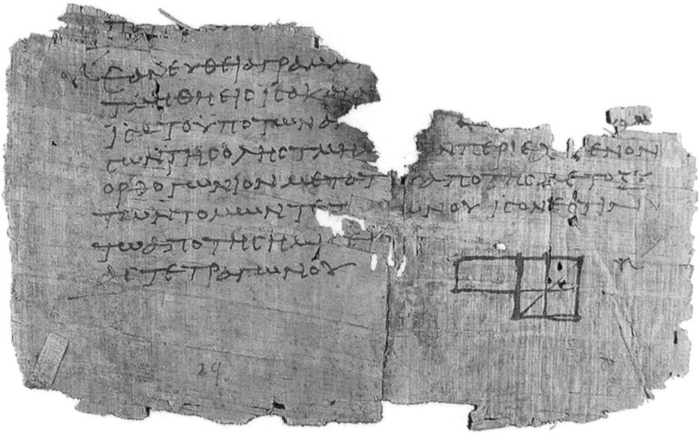

알렉산드리아에서 알렉산드로스 대왕[3]에게 기하학을 가르친 수학자이자 천문학자였고, 당시의 기하학을 체계적으로 정리한 13권으로 된 『원론』 (그림 4)을 지었다.

이 저작의 제1권에는 기하학의 기초가 되는 23개의 「정의」와 5개의 「공리」, 그리고 5개의 「공준」이 들어있다.

여기에서 말하는 공리(Axiom) 및 공준(Postulate)이란 다른 명제를 유도하기 위한 전제가 되는 가정을 말한다. 공리는 가장 기본적이고 절대적인 가정이고, 공준은 그것에 따르지만 절대적이지는 않은 가정을 말한다. 양자의 차이는 그 정도로 명확하지는 않다.

그리고 일찍이 『원론』의 1쪽에, 플라톤이 이미 말한 「선이란 폭이

3_알렉산드로스 대왕(알렉산드로스 3세, 기원전 356~323년). 아버지인 필립포스 2세가 죽은 후, 20살 때 현재의 그리스 북부에 위치하는 고대 마케도니아의 왕을 계승. 기원전 334년 소아시아(현재의 터키 일부)를 정복한 후 이집트에 원정하여 알렉산드리아의 도시를 건설. 기원전 331년 페르시아 침공에서는 수만 명의 군대로 20만 명이 넘는 페르시아군대를 무찌르지만, 그 뒤 아라비아 원정 직전에 바빌론에서 급사하였다.

없는 길이이다」라고 한 문장이 제2의 정의로 기록되어 있다. 1차원의 선에 대한 기술은 그것만이 아니고, 유클리드는 더욱이 다음과 같이 보충하고 있다.

① 선의 끝은 점이다.
② 직선은 점이 균일하게 나란한 존재이다.
③ 면의 끝은 선이다.
④ 임의의 점에서 다른 임의의 점까지 선을 그으면 직선이 얻어진다.
⑤ 길이가 유한한 직선으로부터 어떤 길이의 직선도 만들어 낼 수가 있다.

학문의 도시 알렉산드리아의 유명한 도서관에 소장되어 있었을 『원론』의 원본은 그 후에 흩어졌든지 아니면 화재로 소실되었고 사본 빼고는 남아있지 않다. 현재의 『원론』은 사본을 기초로 편찬되었으므로, 이들 정의의 표현은 판에 따라 조금씩은 다르지만 말하고자 하는 것은 아무 것도 바뀌지는 않는다.

『원론』에는 현대의 저작물에서는 상식으로 되어 있는 서문에 해당하는 부분이 없고, 갑자기 「점(0차원)에는 부분이 없다」라는 정의부터 시작된다. 그리고 각각의 정의와 공준이 나열되어 있을 뿐으로, 보충설명이 없으면 그들이 왜 정의와 공준인지를 증명하지도 않는다. 말하자면 꽤 불친절한 기술이다.

유달리 이 책의 일본어판의 경우 ②(제1권에서 정의 4)는 그리스어의 원문이 영어로 번역되었고, 그것을 다시 일본어로 번역되는 과정에서 여러 가지 표현이나 기술이 이루어졌다. 「직선은 그 위의 점에 대하여 균일하게 가로놓여있는 선이다」라든가, 「직선이란 그 위에 있는 점에 대하여 균일한 선이다」라는 식으로 되어 있다. 이들 번역문 그 자체도 의미가 명료하지 않다.

단순하게 말하자면 직선 위에는 점이 균일 또는 균등하게 존재한다는 것이지만, 어느 것이든 후세의 수학자들은 이 정의가 명확성을 잃고 있다고 불만을 토로한다.

더욱이 ③은 정의 6과 같으므로, 2차원의 면에 의하여 1차원의 선을 표현하고 있다.

점과 선을 정의해도 무의미?

어떻든 유클리드는 이 책을 기록해 남김으로써 평면의 기하학, 소위 「유클리드 기하학」(나중에 언급)의 창시자가 되었지만, 거기에는 면을 특히 평면에 한정하지 않고 선도 직선에 한정하고 있지는 않다. 그래서 유클리드가 말하는 선에는 곡면을 잘랐을 때 생기는 단면의 끝인 곡선도 포함되어 있다고 생각된다.

곡선은 2차원 공간(평면과 곡면) 또는 3차원 공간(입체)에 그릴 수 있다. 하지만 그렇다 하더라도 곡선은 1차원이다. 즉, 그것은 곡선상의 각 점을 거리라는 한 가지만의 양(숫값)으로 나타낼 수 있기 때문이다.

우리는 이 세계의 모든 곳에서 면의 끝으로서의 선을 볼 수가 있다. 물체와 물체의 경계가 선으로 보이기 때문이다. 앞서 본 것처럼 종이에 그은 1차원의 선에는 반드시 폭이 있으므로, 거기에서 선으로 보이는 것은 엄밀하지 않다. 이에 대해 물체의 끝, 즉 어떤 물체와 다른 물체(기체라도 좋다)와의 경계에는 폭이 없으므로 1차원의 선이라고 할 수 있다.

단순히 '무한'은 선이 되질 않는다

모두에서 본 것처럼 0차원의 점을 이동시켰을 때의 자취는 1차원의 선이 되지만, 이때의 직선 또는 곡선은 연속된 선이다. 그래서 그것을 역으로 보면, 연속한 1차원 공간은 무한히 많은 개수의 점으로 구성되어 있다고 볼 수 있다.

앞에서 이야기한 것처럼 유클리드는 직선 위에는 점이 균일 혹은 균등하게 존재한다고 『원론』에 언급하고 있지만, 점이 그렇게 존재한다는 것이 애초부터 무엇을 의미하는지는 말하고 있지 않다.

그렇지만 선 위의 점에 대해서는 유클리드 이전에 이미 고민을 했던 사람이 있었다. 기원전 5세기에 고대 그리스의 식민지였던 엘레아, 즉 지금의 이탈리아 남부에서 살고 있던 철학자인 제논이다[4](스토아학파의 제논과는 다른 사람).

그는 유명한 「아킬레스의 역설」을 생각한 것으로 알려져 있다. 그것은 연속성을 갖는 1차원 공간이 무한히 많은 점으로 만들어진다는

4_제논(기원전 490~425년경). 파르메니데스의 제자. 동성애의 파트너이기도 하고 4개의 패러독스가 알려져 있지만 저서는 남아있지 않고, 플라톤의 『파르메니데스』와 아리스토텔레스의 저서 등에서 그의 철학이 소개되고 있다. 제논은 군주인 네아르코스의 추방을 획책하다가 체포되고, 공모자를 가르친다고 속여 네아르코스에게 접근하여 귀를 물어뜯고, 살해되기까지 떠나질 않았다고 한다. 체포되어 군주를 매도하여, 혀가 잘리고 내뱉어질 때 시민이 돌을 던져 네아르코스를 죽였다는 설도 있다.

그림 5 아킬레스와 거북이의 역설

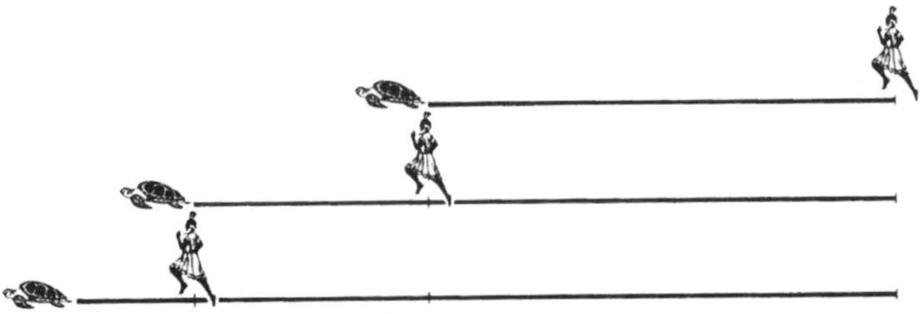

아킬레스는 거북이가 있었던 장소에 도착하면, 거북이는 아킬레스보다 앞을 달리고 있다. 거북이가 간 지점까지 아킬레스가 오면 거북이는 다시 앞을 달리고 있다. 거북이가 걷고 있는 한 아킬레스가 아무리 빨리 달려도 결코 거북이를 따라잡을 수는 없다.

것을 보이려고 했던 것 같다. 제논은 그 역설에 의해 발이 빠르기로 유명한 아킬레스 신화의 영웅인 아킬레스가 느릿느릿하게 걷는 거북이를 결코 따라잡을 수 없다는 것을 다음과 같이 증명해 보였다(그림 5).

— 아킬레스가 거북이 뒤에서 거북이와 같은 방향으로 달리고 있다. 아킬레스는 거북이보다 2배 빠르기로 달리고 있지만, 거북이가 있었던 장소에 그가 닿았을 때 거북이는 벌써 그보다 앞쪽을 달리고 있다(아킬레스가 달린 거리의 반). 다시 거북이가 간 지점에 아킬레스가 도달하면 거북이는 다시 그보다 앞을 달리고 있다. 아킬레스와 거북이의 거리는 $\frac{1}{2}$, $\frac{1}{4}$, $\frac{1}{8}$, $\frac{1}{16}$로 점점 짧아진다. 그렇지만 둘 사이의 거리(선)는 무한하게 분할할 수 있으므로, 이것을 무한히 분할하여 반복하더라도 아킬레스가 거북이를 따라잡을 수는 없다 —

이 패라독스는 1차원의 선이 무한히 많은 점으로 되어있다는 것을 전제로 하고 있다.

그러나 제논으로부터 2000년이나 지났을 때 1차원의 이해는 크게 깊어지게 된다. 19세기 독일의 수학자 리카르도 데디킨트[5]가 선상의 거리를 $\frac{1}{2}$로 나누는 점을 어디까지 새기더라도 1차원 공간을 완전히 메울 수는 없다는 사실을 수학적으로 증명했다. 무한하게 분할해도 또 1차원의 선이 갖는 '연속성'에는 모자란다는 것이다.

우리가 물건을 세거나 잴 때 사용하는 '수'는 옛날부터 1차원의 직선으로 간주해 왔다. 우리 주변에 있는 자나 온도계처럼 직선에 수의 눈금을 붙인 것―「수직선」이라고 부르는―에는, 거기에 달린 정수는 띄엄띄엄(이산적으로) 늘어서 있다. 그러나 $\frac{1}{2}$ 또는 $\frac{1}{3}$과 같이 정수의 비로 나타낼 수 있는 수(유리수)라면, 수직선상에 셀 수 없이 많이 존재한다. $\frac{617}{2839}$이나 $\frac{850325}{1048576}$도 모두 유리수이기 때문이다.

즉, 제논이 보인 것처럼 두 개의 수 사이에는 그들 간격이 아무리 좁아도 무수히 많은 유리수가 있기 때문에, 그들은 연속한 것처럼 생각된다. 그러나 데디킨트는 이것을 반증하려고 '선의 절단'이라는 방법을 생각해냈다. 직선을 절단하여 단면의 양측에 숫자가 있는지 없는지를 조사하는 것으로,「데디킨트의 절단」이라고 부른다(그림 6).

이 방법을 쓰면 절단의 어느 쪽인가에는 반드시 무리수, 즉 정수끼리의 비로는 나타낼 수 없는 수인 것을 알 수 있다. 1차원의 수직선은 유리수에 무리수를 더한 실수에 의해서 처음으로 다 메울 수 있다. 바꾸어 말하자면 데디킨트는, 수직선상에는 실수의 수만큼 점이 존재한다는 것을 보인 것이다.

5_리카르도 데디킨트(1831~1916년). 독일의 수학자. 괴팅겐 대학에서 19세기 최대의 수학자인 칼 프리드리히 가우스에게 배웠다. 무한과 유한을 처음으로 명확하게 정의하여 실수론을 수립하였다. 게오르그 칸토어로부터 시작되는 집합론에도 공헌하였다.

그림 6 데디킨트의 절단

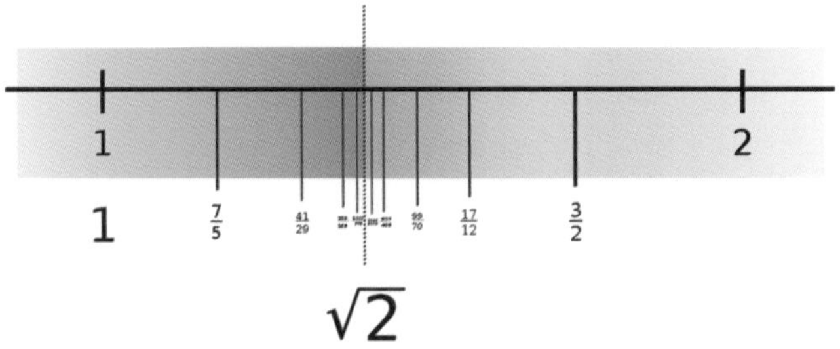

1차원 공간의 점은 항상 같다?

그것은 어느 정도의 수일까? 한번 보면 이 사이에는 「무한」하다고 말하는 것 외에는 다른 표현이 없어 보인다.

그렇지만 데디킨트의 친구이기도 했던 러시아 태생의 수학자인 게오르그 칸토어[6](사진 1)는, 1차원 공간의 점의 개수가 몇 개인지를 수학적으로 고찰했다.

그래서 그것은 있을 수 있는 정수의 개수, 즉 무한보다 훨씬 큰 것, 더구나 어떤 1차원 공간이라도 이를 구성하는 점의 개수는 '모두 같다'는 것을 보여서 다른 수학자들을 마음속 깊이 놀라게 했다.

상식적으로 보면—그리고 아마도 선 위에는 점이 균일하게 늘어서 있다고 생각한 유클리드에게도—긴 직선은 짧은 직선을 포함하므로 점의 개수는 당연히 긴 직선 쪽이 많다. 그렇지만 칸토어에 의하면, 길

6_게오르그 칸토어(1845~1918년). 러시아 태생의 독일 수학자. 수학의 기초이론인 집합론을 확립했다. 실수가 셀 수 없이 무한히 많다는 것을 증명한 대각선논법 등으로도 알려져 있다. 독일의 할레 대학에서 오랜 세월 동안 교편을 잡지만, 만년에는 정신질환으로 고생하였고 할레의 병원에서 죽었다.

사진 1 게오르그 칸토어(Georg Cantor, 1845~1918)

무한에 홀려 탐구를 계속한 칸토어는 어떤 길이의 선에서도 그것을 만드는 점의 개수는 같고, 평면이나 공간에 들어있는 점의 개수도 1차원 선의 경우와 같다는 것을 보였다.

이가 1 mm인 직선도, 태평양의 해저 케이블과 동일한 길이인 1만 km의 직선도, 더욱이 우주 끝에 이르는 인간의 상상력을 뛰어넘는 길이의 직선도, 그리고 우리의 상상력이 미치지 않는 무한한 길이의 선일지라도, 그것을 만들고 있는 점의 개수는 같다는 것이다(그림 7).

유클리드는 앞에서 나온 저서에서 '전체는 부분보다 크다'라는 공리를 냈다. 그것은 누구도 이해할 수 있는 것이고 당연하듯이 생각된다. 그렇지만 칸토어의 답은 다르다. 그는 어떤 길이의 1차원 공간도 그것을 만드는 점의 개수는 같고, 더욱이 공간에 있어서는 '부분과 전

그림 7 1차원 공간을 만드는 점의 개수(증명법)

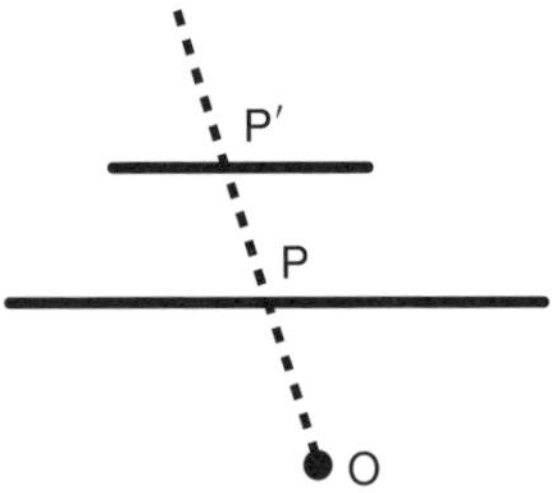

그림처럼 길이가 다른 두 개의 선분을 나란히 긋고, 두 선분의 바깥에 있는 점 O로부터 이 선분을 향해 직선을 그어서, 이것과 선분의 교점을 P와 P′라고 한다. 이것에 의하여 P와 P′ 사이에 1대1 대응을 시킬 수 있다. 짧은 선분상의 점은 모두 긴 선분상의 점에 중복되지 않게 대응한다. 역으로 긴 선분상의 점도 짧은 선분상의 점과 1대1로 대응한다.

체가 같다'는 것도 있을 수 있다는 것을 그려서 보여준 것이다.

0차원과 1차원의 결정적인 차이는 1차원이 크기(길이)를 갖는다는 것이다. 0차원의 공간은 점이므로 말할 필요도 없이 점의 개수는 1개이지만, 그것은 양(물리량)이 없는 한 개다. 이에 대하여 1차원 공간처럼 물리량을 가지면, 그것을 만드는 점의 개수는 무한하게 된다.

칸토어에 의하면 무한은, 앞에서 나온 정수의 개수—헤브라이 문자의 첫 문자인 '$\aleph_0$(알레프)'로 나타낸다—를 $\aleph_0$(알레프제로)라고 하면 '2의 알레프제로 제곱'이 된다. 결국 한 마디로 무한이라 하더라도 크기에는 당치도 않는 차이가 있어, 공간에 있는 점의 무한은 '2의 무한 제곱'이라는 무엇인지 상상할 수 없는 수 또는 단지 수학기호로서만 나타낼 수 있는 수가 된다.

여기에서 다른 질문이 생긴다. 수학에서는 1차원의 직선과 곡선(2차원 공간이나 3차원 공간도)은 무한히 많은 개수의 점의 집합이다. 개개의 점의 크기는 0이지만, 그것이 모이면 왜 1차원 또는 그 이상의 차원의 크기가 생기는 것일까? 0은 아무리 모여도 0이지 않은가?

이것에 대하여 납득이 가는 답을 구한 수학자는 지금까지 어디에도 없었다. 더욱이 이러한 수학적 공간 이야기를 실제 물리적 공간에 대입해도 좋은가라는 보다 큰 의문도 생긴다. 이것은 뒷장에서 더 자세히 알아보자.

lineland(선의 나라)의 생명체

우리가 3차원의 공간(+1차원의 시간) 속에서 살고 있으므로, 보통은 다른 차원의 세계는 생각하지 않는다. 그러나 만약 1차원의 공간에 의식을 가진 생물이 살고 있다고 한다면, 그 생명체에는 어떤 세계가 보이는지를 상상해 보자.

이러한 상상의 세계에 어쩌면 처음으로 진지하게 몰두한 사람은 19세기 영국의 성직자이면서 영어교사로 26살 때부터 시티 오브 런던 스쿨의 교장이었던 에드윈 애보트이다.

그는 2차원 생명체를 주인공으로 한 『평지(flatland)』라는 소설을 저술하여 그 책의 1장에 'lineland', 즉 선의 나라를 이야기 했다. 그곳에 사는 것은 점 또는 선의 생물이다(그림 8).

선의 나라에 사는 생물의 시야에는 자기의 앞이나 뒤에 있는 점뿐이다. 무엇보다도 선에는 폭이나 두께가 없으므로 그것의 단면인 점에도 크기는 없고, 따라서 눈에는 보이지 않겠지만 여기서 일단 그것은 잊어버리자.

그림 8 lineland(선의 나라)

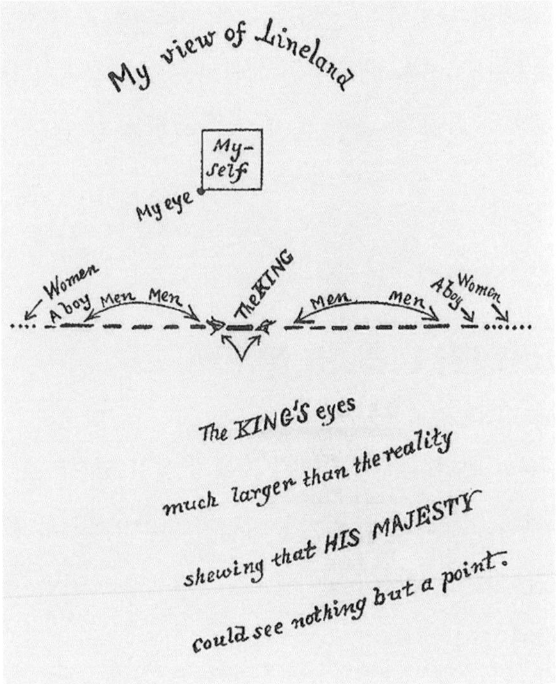

『lineland(선의 나라)』의 저자 에드윈 애보트가 실제로 그린 그림. '선의 나라'에 사는 주인은 점 모양이든지 여러 가지 길이의 선 모양. 그들은 전원이 1열로 줄을 서, 자기의 시야에는 전후에 사는 사람밖에 들어오지 않는다. (자료: E.Abbott, Flatland-A Romance of Many Dimensions(1885))

선의 나라에서는 서로 이웃한(앞과 뒤) 생물이 교대할 수가 없다. 그들은 전진 아니면 후퇴할 수밖에 없고, 스치듯 지나가는 것은 불가능하기 때문이다. 또 한 사람만이 기세가 좋게 계속 달리는 것도 불가능하다. 계속 달리다 보면 어딘가에서 반드시 이웃한 생물을 따라붙어 추돌하고 만다. 계속 달리려면 선의 나라에 사는 생물 전원이 같은 속도와 같은 방향으로 달려야만 한다.

이 선의 나라는 직선이지만 1차원은 직선만이 아니고 곡선도 있다. 그렇지만 1차원 생물은 자기들의 세계가 직선인지 곡선인지를 분별할 수가 없다. 그들에게 이동 또는 운동은 전진 아니면 후퇴 둘 중 하나밖에 없으므로 굽는다는 개념 그 자체가 존재하지 않는다. 그것은 3차원 우주에 살고 있는 우리들이 3차원 우주의 모양을 알 수 없는 것과 같다. 물리 이론에 의해 이것저것 상상하는 수밖에는…….

1차원에서 3차원을 만든다

순수한 수학적 1차원에서는 없지만, 우리가 살고 있는 3차원 공간에도 1차원적인 생명체 또는 살아있는 물질은 있다. 예를 들면 인간을 시작으로 하는 지구생명의 설계도인 DNA 분자이다(그림 9).

20세기 중반 DNA는 1열, 즉 1차원적으로 줄지어 선 단지 4개의 유전기호(4개의 염기 = 아데닌, 구아닌, 시토신, 치민)에 의해 유전정보를 담당하고 있다는 것이 밝혀졌다[7]. 예를 들어 DNA는 4가지 색으로 나누어 칠한 1개의 선이다(정확히 2개이지만, 한쪽은 다른 쪽의 복사).

20세기 초에 걸쳐 DNA 물질이 발견되었을 당시, 이 물질을 유전자의 본체라고 보는 과학자는 거의 없었다. 그 당시 단백질이 유전정보를 담당한다고 생각했었다. 그러나 그 후 차츰 밝혀진 사실—지구의 생명은 DNA라는 1차원 정보를 바탕으로 3차원의 단백질을 재구성하는

7_1953년 제임스 왓슨과 프란시스 클릭은 DNA의 2중 나사선구조를 발견하여, 1962년 노벨생리학의학상을 공동으로 수상했다.

그림 9 DNA

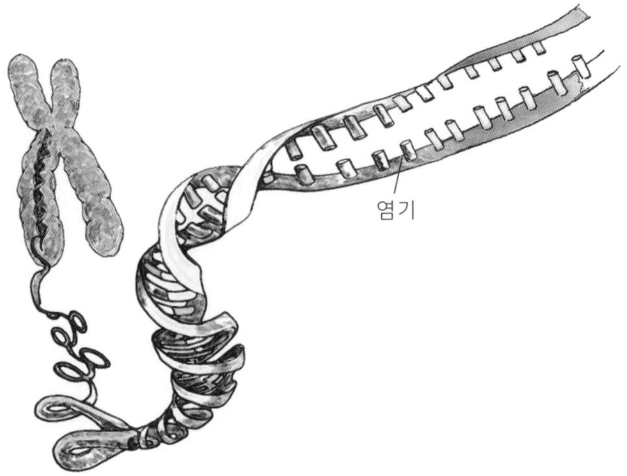

긴 사슬 위에 4종류의 염기가 1차원적으로 늘어서서, 두 개의 사슬이 쌍을 이루며 이중나사선을 만들고 있다. (그림: Yazawa Science Office)

'동떨어진 일'을 계속 수행하고 있다는 것이다.

한편, 보통은 3차원적인 존재이지만 어떤 상황에서는 1차원적 존재가 되는 것도 있다. 예를 들면 전자는 물질의 내부에서 3차원적으로 분포하여 존재하고, 늘 3차원 공간을 움직이고 있다. 그런데 1950년 일본의 노벨상을 받은 물리학자 토모나가(朝永一郎)[8]는, 만약 전자가 1차원적으로 이동한다면 전자는 액체와 같이 일체화한 행동을 보일 것이라고 예언했다.

이 경우 전자가 지나는 길은 모노레일과 같이 길이 하나밖에 없으

8_토모나가 신이치로(朝永振一郎)(1906~1979년). 일본을 대표하는 이론물리학자 중 한 사람. 장의 양자론에서 물리량이 이론상 무한대가 된다는 문제(발산의 곤란)를 끌어당김 이론의 도입으로 회피하고, 양자전자역학(QED)의 발전에 공헌했다. 이것으로 1965년 파인만 등과 함께 노벨물리학상을 수상하였다.

므로, 특정한 전자가 높은 에너지를 가지고 있어서 다른 전자보다 속도가 빨라도 앞에 있는 상대적으로 느린 전자를 추월할 수가 없다. 그렇기 때문에 앞서 선의 나라에 사는 생물과 마찬가지로 특정 전자가 에너지를 받더라도 그 자체는 고속으로 달리지 못하고, 액체처럼 집단이 되어 속도를 높이게 된다.

다수의 전자가 나타내는 이런 현상은, 토모나가와 그 뒤에 이 이론을 개량한 미국의 호아킨 라틴저의 이름을 붙여 「토모나가-라틴저 유체」라고 부른다. 양자현상의 하나이다.

3차원의 세계에서는 엄밀한 1차원 운동은 있을 수 없다고 생각되기 때문에, 이 유체도 처음은 이론상으로만 존재한다고 간주했다. 그러나 그로부터 반세기가 지난 2003년, 탄소원자가 통 모양으로 연결된 카본나노튜브(사진 2)의 내부에서 전자가 실제로 1차원적으로 운동하는 것

사진 2 카본나노튜브

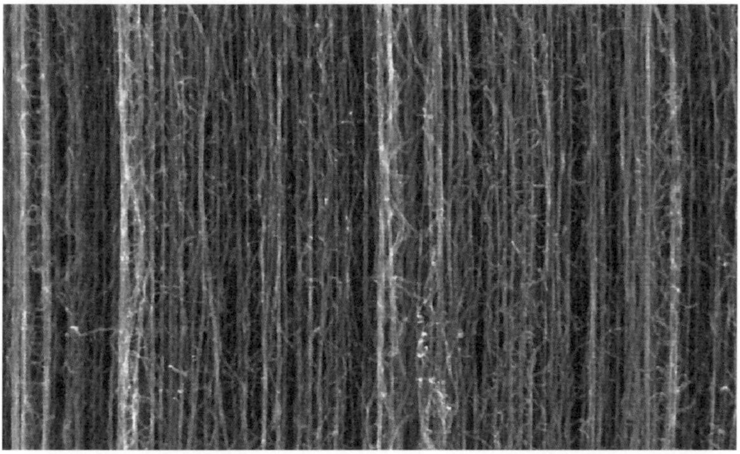

탄소원자가 연결되어 만들어진 나노스케일(100만 분의 1 mm 단위) 튜브의 전자현미경 사진. (사진: NASA)

이 밝혀졌다(카본나노튜브란 탄소원자가 6각형으로 연결되어 만들어진 튜브 모양의 구조. 일본 NEC연구소의 이이지마(飯島澄男)가 초미립자를 연구하다가 발견했다. 초미립자는 탄소원자가 5각형과 6각형을 만들며 연결되어, 그것들이 둥글게 되어 닫힌 공 모양을 만든다). 이것은 우리들 가까이에 있는 3차원 세계에 '1차원 세계'가 숨어있어 3차원 공간을 무시한 행동거지를 나타내고 있는 증거인지도 모른다.

칼럼

1차원에는 없는 선이 있다

선이 모두 1차원은 아니다. 다시 말해 그렇지 않은 선도 있다. 그리고 차원의 정의를 조금 바꾸면 1차원과 2차원의 중간에 있는 차원도 모습을 드러낸다. 그런 사례가 19세기 중반에 독일에서 태어난 유태인 수학자 펠릭스 하우스도르프의 견해이다.

차원을 정의할 때 보통 어떤 점의 위치를 결정하는 수(좌표)가 하나이면 1차원, 두 개이면 2차원이라고 한다. 이러한 정의에 따른 차원은 「위상적 차원」이라고 한다. 그러나 하우스도르프는 생각을 달리했다.

1차원의 선을 2배로 하면 선의 길이는 2배가 되고, 3배로 하면 선의 길이는 3배가 된다. 2차원의 평면이라면 도형 한 변의 길이를 2배로 하면 넓이는 4배(2의 제곱)가 되고, 3배로 하면 9배(3의 제곱)가 된다. 3차원의 입방체는 2배 확대하면 부피는 8배(2의 3제곱), 3배로 확대하면 부피는 27배(3의 3제곱)가 된다.

이것을 바꾸어 말하면, n차원의 도형을 x배로 확대하면 크기는 x^n이 된다는 것이다. 다시 생각해보면 도형을 x배 했을 때의 크기가 이전의 몇 배인가에 의해 차원 n을 역산할 수가 있다(x배의 크기를 A라고 하면 $n = \log_x A$). 이러한 차원에 대한 견해를 「하우스도르프 차원」이라고 부르게 되었다.

직선은 위상적 차원으로도 하우스도르프 차원으로도 1차원이고, 곡선도 대개의 경우가 같은 모양이다. 그러나 「프렉탈 도형」이라고 부르는 예외가 존재한다.

예를 들면 코크 도형(그림 10)에서는 러시아의 민예품 마트로시카와 같이 그림의 일부를 그것보다 크기는 작지만 모양은 전체와 같은 도형이 (위상적으로) 존재한다. 아무리 작은 부분을 확대해 봐도 전체와 같은 모양이 나타난다. 이러한 자기와 닮은 모양을 가지는 도형이 프렉탈 도형이다.

이 코크 도형도 단지 한 개의 곡선(직선이 예각적으로 꺾여진 선도 곡선)으로 되어

그림 10 코크 도형

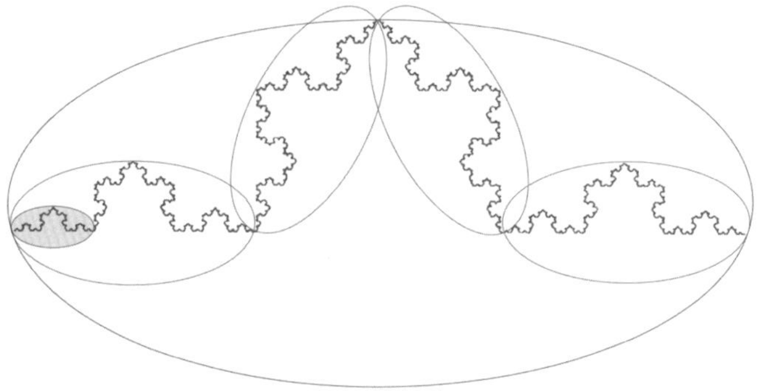

스웨덴 수학자 코크는, 크기는 다르지만 같은 모양이 무한하게 반복되는 계층적 구조를 보였다.
(그림: Yazawa Science Office)

있다고 보면 1차원이다. 그런데 이것도 하우스도르프 차원으로 보면 조금은 다른 결과가 생긴다. 코크 도형의 크기를 3배로 하면 길이가 4배가 된다(그림 10). 결국 코크 도형의 하우스도르프 차원은 약 1.26(=1.26차원)이라는 이상한 것이 된다.

좌표의 관점으로부터 코크 도형은 1차원이라고는 할 수 없다. 코크 도형은 1개의 선이므로 선 위의 각 점의 위치는 어떤 점으로부터의 거리를 알면 자동적으로 정해진다고 생각된다. 그러나 예를 들면 그림 속의 아주 작은 부분을 취해도 그 내부에는 닮은 모양이 무한히 많이 포함되어 있다. 그 때문에 두 점 사이의 거리는 무한이 되고, 1개만의 좌표로는 각 점의 위치를 정할 수가 없다. 두 개의 좌표를 써서 처음으로 각 점을 결정할 수가 있다.

다른 프렉탈 도형인 페아노 곡선(그림 11) 역시 선만으로 구성되어 있어서 1차원처럼 보인다. 그렇지만 이 도형을 무한히 작게 하면, 무수히 많은 도형이 결국에는 평면을 꽉 채운다. 페아노 곡선은 하우스도르프 차원으로 2차원인 동시에 위상적 차원으로도 2차원이다. 페아노 곡선은 소위 '1차원처럼 보이는 2차원'이다.

덧붙여서 말하자면 하우스도르프가 연구한 이런 종류의 추상수학은 당시의 나치정권으로부터 '유태인적인 무용지물'이라고 간주되어, 그는 본 대학의 교수직을 박탈당

그림 11 페아노 곡선

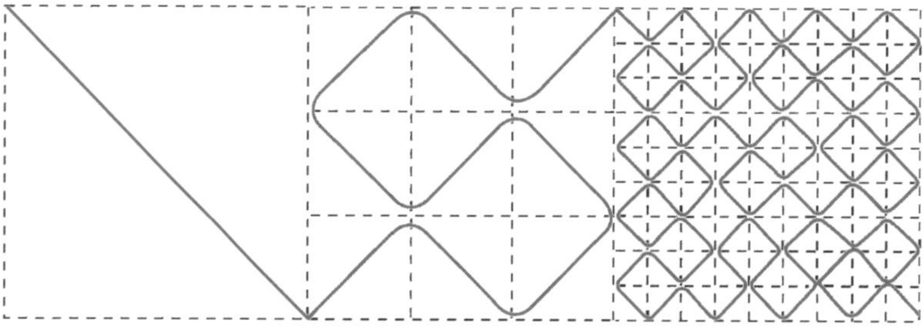

모든 정사각형을 한 번만 지나도록 선을 그어 간다. 정사각형을 무한히 작게 만들어가면 그것을 지나는 선은 평면을 꽉 메운다. (자료: The Concise Oxford Dictionary of Mathematics)

했다. 강제수용소로 끌려가는 것을 피하기 어려웠고 미국으로 망명하는 것도 폐쇄된 1942년, 하우스도르프는 결국 아내와 딸과 함께 목숨을 끊고 말았다(사진 3).

사진 3 하우스도르프의 묘(Felix Hausdorff, 1868~1942)

하우스도르프와 그의 가족은 독일 서부의 본에 묻혀 있다.

CHAPTER

2

2차원의 세계

유클리드 기하학이 나타나면서 0차원과 1차원의 증명은 되었지만, 그것은 2차원의 세계 전체에는 통용되지 않는다는 게 밝혀졌다. 그리고 비유클리드 기하학이 도입되었을 때, 결국 복잡한 '굽은 2차원'의 세계에서 측량이 가능하게 되었다.

「평행선의 공준」을 증명하라

지금까지 여러 시대를 거쳐 수학자들을 고민하게 해온 문제가 있다. 그것은 앞 장에서 다룬 유클리드의 『원론』에 등장하는 「평행선의 공준」의 증명이다.

『원론』의 내용은 실제로 유클리드의 오리지널이 아니고, 그 줄기는 고대 이집트에 있다고 보인다. 고대 이집트에서는 매년 나일강의 홍수와 범람이 반복되어 그 유역이나 델타지역(사진 1)에 비옥한 토양이 퇴적되었다. 그러나 이 일대에 사는 사람들은 나일강이 범람을 일으킬 때마다 자기들이 지어놓은 농경지를 잃고, 물이 빠진 다음에는 어디에서 어디까지가 자기의 경작지인지를 알 수 없는 일이 반복되었다.

오랜 시간 동안 나일강의 범람에 골치를 앓던 그들은, 토지를 원래대로 배분할 필요성이 생겨서 기하학을 사용하여 토지를 측량하게 되었다. 이렇게 해서 나일강 유역이라는 2차원의 면 위에 실리적인 이유로부터 기하학이 발전하게 되었고, 그것은 학문으로 발전하여 고대 그리스와 쭉 계속 이어지게 되었다.

이러한 역사를 배경으로 유클리드가 고대 이집트와 그리스의 기하학을 집대성하는 차원에서 만든 『원론』은 증명 위에 증명을 거듭함으로써 아주 복잡한 기하학적, 대수학적인 내용을 논증하기에 이르렀다. 그 이론체계는 당시 그리고 이후의 수학자들에게도 높게 평가를 받았고, 그렇기 때문에 『원론』은 근대에 이르기까지 오랫동안 수학의 교과서가 되기도 하였다.

그러나 이후의 수학자들에게는 아무래도 납득이 되지 않은 것이 있

사진 1 기하학의 고향

고대 이집트인은 오랜 기간 나일강 범람에 골치를 앓고 있었다. 하지만 한편으로는 범람으로 나일강 하류에는 비옥한 델타지역이 생겨, 거기에 문명의 꽃이 피어 토지측량으로 기하학이 발전했다. 사진은 우주에서 바라본 나일강 델타. (사진: NASA)

그림 1「평행선의 공준」

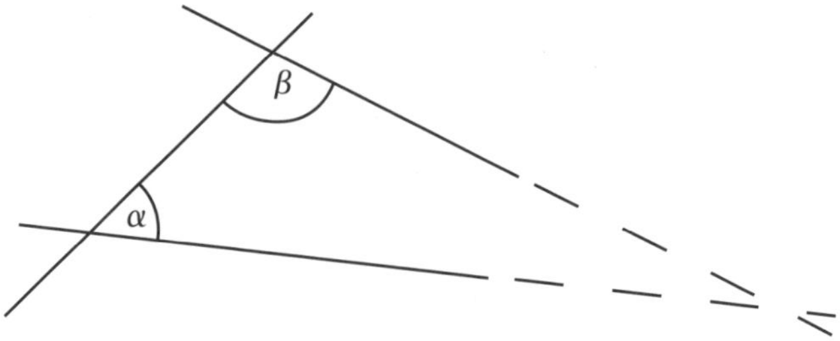

두 직선과 만나는 한 직선이 만드는 같은 쪽의 내각의 합이 2직각(180도)보다 작을 때, 두 직선을 연장하면 2직각보다 작은 내각 쪽에서 만난다.

었다. 그것은 『원론』의 5번째 공준인 「평행선의 공준」(그림 1)이 '자명한', 즉 「증명하지 않아도 당연한 것」이었다.

평행선의 공준이란 나중에 수학자들이 단순화한 해석에 의하면, 「직선 위에 있지 않은 임의의 한 점을 지나 처음 직선과는 만나지 않는 직선은 단 한 개뿐」이라는 것이다. 이것은 말할 필요도 없이 평행선을 말한다.

이 공준과 같은 복잡한 내용이 아무런 증명도 하지 않고 방치되었던 것은 이상하다—이후 많은 수학자가 이렇게 생각하고 『원론』에 있는 다른 공리와 공준을 써서 이 공준을 증명하려고 시도했다. 그렇지만 모두 헛수고로 끝났다. 그도 그럴 것이 평행선의 공준이 항상 옳지는 않았다.

평행선의 공준이 한정적이고, 늘 옳지 않다는 것을 처음 알아차린 건 아마도 유클리드로부터 2000년 이상이나 후의 수학자인 칼 프리드리히 가우스였다(그림 2, 3).

그림 2 칼 프리드리히 가우스(Carl Friedrich Gauss, 1777~1855)

아르키메데스, 뉴턴과 견줄만한 대 수학자. 근대수학의 개척자로 특히 정수론에 공헌했고, 전자기학이나 천문학에도 업적을 남겼다.

천재가 만들어 낸 새로운 기하학체계

1777년, 현재의 독일 북동부 니더작센 주에 위치하고 있는 브라운슈바이크공원에서 벽돌공의 아들로 태어난 가우스는 말보다 먼저 계산을 생각했다고 하여, 주위로부터 신동 취급을 받았다. 10살 무렵, 초등학교 교사가 1에서 100까지의 합을 물었을 때 그는 불과 몇 초 만에 5050이라고 대답을 했다. 그는 나중에 주변 사람들에게 이 경험담을 스스로 몇 번이나 했다고 한다.

그림 3 가우스의 저서

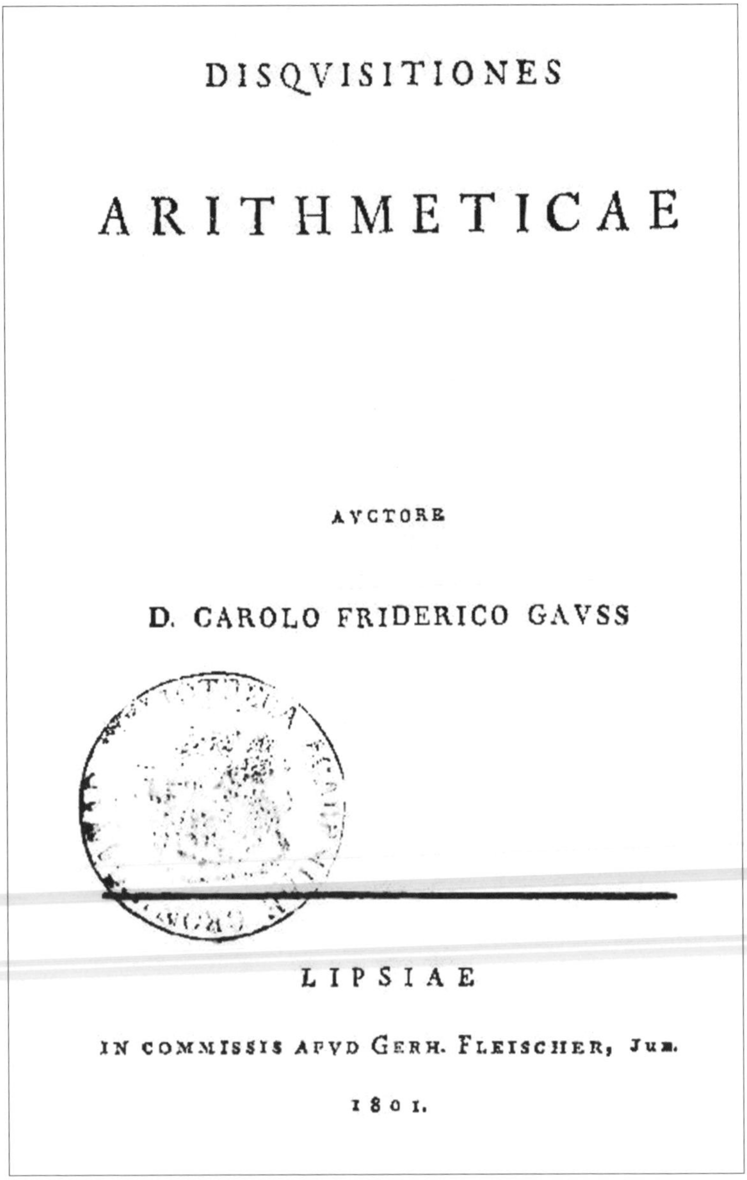
DISQVISITIONES

ARITHMETICAE

AVCTORE

D. CAROLO FRIDERICO GAVSS

LIPSIAE

IN COMMISSIS APVD GERH. FLEISCHER, Jun.

1801.

24살 때 간행한 정수론 책인 『아리쓰메티카』, 원서는 라틴어로 산술연구를 의미한다.

이와 관련하여 소년 가우스는 1부터 순서대로 덧셈을 한 것은 아니다. 1부터 100까지에는 더하면 101이 되는 쌍(1 + 100 = 101, 2 + 99 = 101, 3 + 98 = 101…)이 50쌍이 있다는 것을 눈치챈 것이다. 101을 50배 하면 5050이 된다.

그는 17살에 최소제곱법[1]을 발견하고 18살에 제곱잉여의 법칙[2]을 증명했으며, 대학시절에는 정17각형의 작도법을 고안했다. 물리학이나 천문학에도 조예가 깊었으며, 1801년에는 한 번 발견된 후 행방불명이 된 작은 혹성 셀레스의 궤도를 계산하였다.

가우스는 15살 무렵에는 일찍이 문제가 되었던 평행선의 공준에 주목했다. 그리고 이 공준이 성립하지 않아도 모순이 없는 기하학체계가 성립한다는 것을 알아차렸다. 남아있는 연구노트나 편지 등으로부터 추측해서, 그는 늦어도 1816년에는 평행선의 공준을 다시 쓰고 새로운 기하학체계를 발견했다고 생각된다.

그러나 가우스는 당시 학계의 반발과 소동을 두려워하여, 가까운 친구에게 개요를 비밀리에 전하는 것만으로 연구를 공표하지 않았다. 거기에 그가 살았던 19세기 초에는 세계 학문의 최선두였던 유럽에 있어서조차 연구자나 과학자가 스스로 연구 성과를 발표할 수단이 아주 부족했다. 논문을 발표하는 수단으로서의 학회지나 과학전문 잡지는 아직 없었고, 연구 성과를 공표하려고 하는 사람은 조잡하게 자기가 인

1_최소제곱법(method of least squares). 일련의 측정값을 기초로 최적의 선(모델이 나타내는 수식)을 얻으려고 할 때, 측정값에 오차가 포함되어 있다는 것을 고려하여 측정값에 가장 적합한 선을 구하는 방법. 모델이 예측하는 값과 실제의 측정값과의 차의 제곱을 합한 것을 최소화하여 구한다.

2_제곱잉여의 법칙(상호법칙). 어떤 정수가 제곱잉여(다른 자연수의 제곱이 되는 수. 제곱수. 4, 9, 16 등)인지 어떤지를 찾아내는 법칙.

쇄하여 아주 적은 부수의 소책자를 만들어 몇 안되는 책방에 전시해 달라고 보내는 수밖에 없었다.

원래 가우스는 학술적 성과를 먼저 내기 위한 싸움에는 흥미가 없었고, 최소제곱법에서도 자기보다 먼저 발표한 프랑스의 수학자 르장드르[3]가 사용한 이름을 채택하여 그 방법을 적극적으로 소개하고 있다. 그는 논쟁하기보다는 자기연구에 몰두할 수 있는 환경을 바랐던 것이다.

유클리드 기하학에서 비유클리드 기하학으로

유클리드의 평행선의 공준을 부정해도 또 다른 기하학이 성립하는 공간은「곡면」이었다. 유클리드 기하학에서는 2차원의 면이라고 하면 가로와 세로의 두 좌표를 가지는 평면이 된다. 그러므로 가우스 시대에서도 기하학은 모두 평면 위에서 이루어졌고, 그 외의 가능성은 생각할 수가 없었다. 그렇지만 가우스는 곡면 위에 그은 두 개의 직선에 있어서는 평행선의 공준이 성립하지 않다는 데 눈치를 챘다.

평행선의 공준에 대한 반증을 처음으로 세상에 내놓은 것은 가우스 친구의 아들이었다. 가우스가 대학시절 친구였던 헝가리 사람 보여이 파르카스는 가우스와 평행선의 공준에 대하여 자주 이야기를 하였다. 그렇지만 이것을 반증하려는 보여이의 시도는 번번이 실패했다.

3_아드리안 마리 르장드르(1752~1833년). 라그랑쥬와 라플라스와 함께 프랑스혁명 시기를 대표하는 수학자. 유클리드 기하학의 우수한 교과서를 지은 것으로 알려져 있지만, 진짜 업적은 미적분 분야에서 남겼다. 오일러의 제곱잉여의 상호법칙을 가우스와는 달리 증명하고 있다.

그림 4「평행선 공준」에 도전한 수학자

야노스 보여이(좌)와 러시아의 니콜라이 로바쳅스키(우)는 같은 무렵, 평행선의 공준을 반증하려고 하여 비유클리드 기하학의 하나인「쌍곡기하학」을 구축했다.

파르카스의 아들 야노스(그림 4 왼쪽)도 이 문제에 흥미를 가졌지만, 아버지 파르카스는 자기의 실패경험 때문인지 평행선의 공준에는 몰두하지 말라고 아들에게 충고하였다. 파르카스는 이 공준과 마주했던 시기의 이야기를 이렇게 쓰고 있다—「나는 밑바닥이 없는 밤을 이것저것 찾아 헤맸지만, 내 인생의 모든 빛과 기쁨도 다 흘러가 버리고 말았다」.

그렇지만 아들 야노스는 아버지의 충고를 귀에 담지 않고 평행선의 공준에 매달렸다. 그리고 1823년 20세 때, 자기도 모르는 사이에 가우스와 같은 결론에 도달했다.

야노스는「직선 위에 없는 임의의 한 점을 지나고, 이 직선과 만나지 않는 직선은 무수히 많다」라고 평행선의 공준을 바꾸어 썼다. 그리고 다른 유클리드 기하학의 공리와 공준도 보태어, 그들을 바탕으로 새

그림 5 쌍곡면

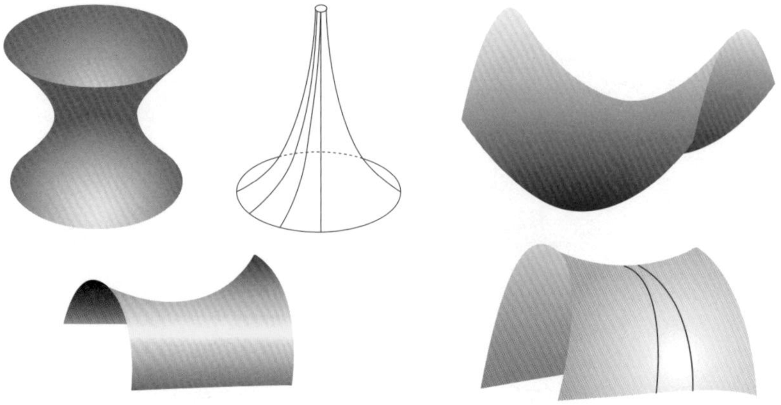

말안장과 같은 '음수의 곡률'을 갖는 곡면에서 평행선을 연장하면 차츰 간격이 벌어진다.

로운 기하학적 명제를 유도해 가면서 「아무것도 없는 곳에서부터 다른 새로운 세계」가 모습을 드러낸 것이다.

이 기하학은 「쌍곡면」이라고 부르는 음수의 곡률을 가지는 면에서 성립하는 것이 밝혀졌고, 「쌍곡기하학」이라고 부르게 되었다. 쌍곡면은 말의 안장과 비슷하게 찌그러진 2차원 공간이다(그림 5).

그러나 얼마 지나지 않아 야노스는 가우스가 자기 아버지에게 보낸 편지에서 이미 가우스가 같은 결과를 손에 넣었다는 것을 알게 되었다. 그런 야노스는 너무나 낙담하여 자포자기한 나머지 건강을 잃은 것만이 아니고 페스트에도 감염되어 군대를 전역하는 처지가 되었다. 가우스는 어떤 친구에게 보낸 편지에서 야노스를 「초일류의 천재」라고 칭찬하였고, 파르카스에게 보낸 편지에는 「당신 아들을 칭찬하는 것은 나 자신을 칭찬하는 것이다」라고 써서, 이것을 알게 된 야노스를 한층 낙담하게 했다.

사진 2 베른하르트 리만(Georg Friedrich Bernhard Riemann, 1826~1866)

「리만 기하학」을 창시하였고, 복소함수론, 소수에 관한 리만예상 등 수학의 많은 분야에서 획기적인 업적을 올렸지만 39살의 젊은 나이에 죽었다.

같은 시기에 야노스보다 10살이 많은 러시아의 니콜라이 로바쳅스키(그림 4 오른쪽)도 평행선의 공준에 몰두했다. 그는 1829년 야노스와 같은 쌍곡기하학을 발표했다. 야노스는 20년 가까운 뒤의 1848년이 되어서야 처음으로 로바쳅스키의 논문을 알게 되어, 그 내용을 높이 평가했다고 한다.

그렇지만 평행선의 공준을 부정하려는 이러한 수학적 천재들의 시도가 「비유클리드 기하학」으로 결실을 맺는 데는, 베른하르트 리만(사진 2)의 등장을 필요로 했다.

「리만 기하학」의 탄생

1826년에 독일에서 태어난 리만은 가우스가 만년에 괴팅겐 대학에서 가르친 학생 중 한 사람이기도 했다. 가우스가 「빛나면서 풍부한 독창성」을 가진 사람으로 평가한 리만은 나중에 가우스, 디리클레[4]를 잇는 같은 대학의 수학교수가 되었다.

리만이 기하학에 대하여 언급한 것은, 1854년 괴팅겐 대학에서 교수직 자격을 얻기 위해 행한 「기하학의 기초를 이루는 가설에 대하여」라는 강의였다(이때 강의의 중심은 평행선의 공준에 대해서는 아니었지만).

이야기를 조금 돌리면 리만의 스승인 가우스는 앞에서 언급한 것과 같이 평행선의 공준으로부터 비유클리드 기하학을 유도해낸 것만이 아니고, 곡면에 대한 연구(곡면론)도 하고 있었다. 곡면이란 2차원의 다양체이다. 덧붙여 말하자면 평면은 영어로는 plane, 곡면은 surface이다.

유클리드 기하학에서 곡면을 취급하는 데는 항상 가로, 세로, 높이라는 3개의 양(좌표)이 필요하다. 결국 가우스의 시대에는 곡면은 3차원적인 도형이었다. 그러나 당시 독일에서 행해지고 있던 대규모 국토측량계획(상세한 것은 3장 참조)에 의해 각지에서 측량해본 적이 있는 가우스는, 그 정도로 단순하게 받아들이지는 않았다. 그는 측지학을 통하여 곡면을 평면에 투영하는 방법, 즉 지구표면이라는 곡면을 평탄한 2차원의 평면인 지도로 바꾸는 방법을 생각하게 되었다.

4_피터 구스타프 디리클레(1805~1859년). 23세에 베를린 대학의 교수가 된 독일 태생의 수학자. 1855년 가우스의 후임으로 괴팅겐 대학으로 옮겼지만 3년 뒤 심장발작으로 세상을 떠났다. 수론에 있어 산술급수정리와 디리클레밀도, 편미분방정식의 디리클레 문제 등 많은 업적을 남겼다. 작곡가인 멘델스존은 의형(아내의 오빠).

그래서 어떻게 하면 곡면을 비뚤어지지 않게 평면에 전개할 수 있을지를 생각하고, 거기에서 곡면이 굽은 양(곡률)을 계산하는 방법을 찾아냈다. 이러한 지도를 만드는 방법으로는 이미 메르카토르 도법, 모르와이디 도법(그림 6) 등이 생겨나게 되었고, 모양에 비틀림이 생기기도 하고 지도상의 넓이와 실제 넓이가 비례하지 않는 문제가 있었다.

가우스는 스스로 고안해 낸 곡률에 의해 유클리드적인 3차원 좌표와 같이 곡면을 밖에서 보는 것이 아니라 2차원 공간의 곡면에 있으면서, 그 이외의 정보가 없어도 곡면의 성질을 알 수 있도록 하였다.

또한 이것은 곡면이 존재하는 3차원 공간이 기하학적으로 어떤 성질을 가지고 있어도, 결국 유클리드적인 직교공간은 아니어도 2차원 곡면의 성질은 바뀌지 않는다는 것을 의미한다. 가우스는 이렇게 해서 곡면을 3차원이 아닌「2차원 다양체」[5]로 만드는 데 성공했다.

리만은 이렇게 해서 가우스가 생각해 낸 곡면, 즉 2차원 다양체를 취급하는 새로운 방법을 다차원의 다양체로도 확장했다. 이것이 오늘날「리만 기하학」이라고 부르는 것이다(뒤에서 언급). 이 새로운 기하학은 그 속에 비유클리드 기하학을 수중에 넣으면서, 여러 가지 곡면과 다차원 다양체를 논할 수 있게 되었다.

평행선의 공준에 대하여 말하면, 리만이 주목한 것은 앞에서 이야기한 보여이와 로바쳅스키와는 달리 구면의 표면과 같이 곡률이 양수인 곡면이었다. 예를 들면 구면인 지구의를 생각하면, 지구의의 위를 세로로 달리는 두 개의 직선(경선)은 역시 지구의의 위를 가로로 달리

5_2차원 다양체. 다양체는 유클리드 공간 또는 위상 공간 안의 기하학적인 구조체로, 구면은 곡면인 2차원 다양체의 전형적인 예.

그림 6 곡면인 지구를 평면 위의 지도로 변환

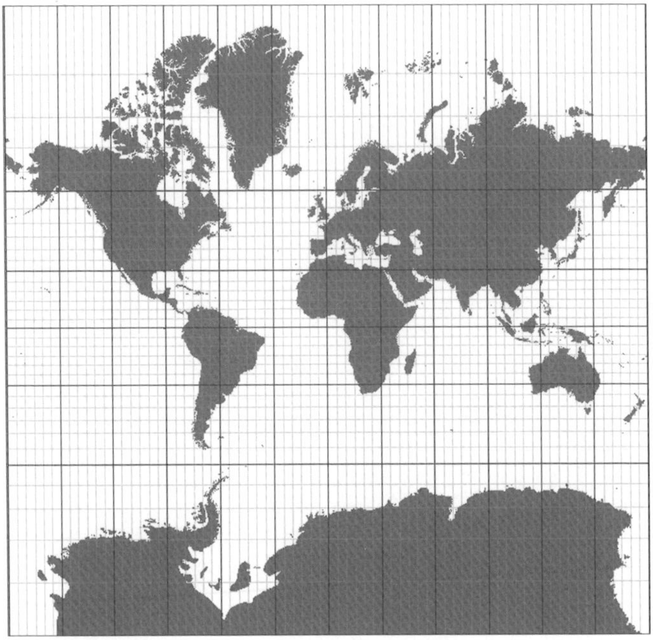

● 메르카토르 도법

경선과 위선이 직교하고, 각각은 동일한 간격으로 평행하게 퍼진다. 위도가 높아질수록 거리와 넓이가 커진다.

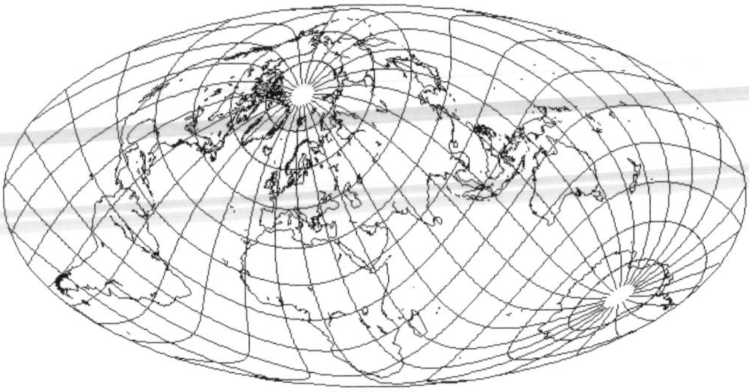

● 모르와이디 도법

수평한 적도와 평행하게 위선이 퍼지고, 위도가 높아질수록 간격이 좁아진다. 또 중앙의 경선은 수직이지만 바깥으로 갈수록 호를 그리며 타원곡선이 된다.

그림 7 지구의의 세로선

구면에 있어서 두 개의 세로선(경선)은 남극과 북극에서 만난다.

는 직선인 적도에 대하여 두 개의 직각을 이루고 있다(그림 7).

이 두 개의 경선은 유클리드의 평행선의 공준에 따른다면 절대로 만나지 않지만, 지구의 위에서는 이 두 평행선은 북극점과 남극점에서 만나고 있다. 결국 여기에서는 평행선의 공준이 성립되질 않는다. 곡면상에 있어서 평행선의 공준은 「어떤 한 점을 지나는 직선에 평행한 직선은 무수히 많이 존재한다」라고 하지 않으면 안되었다.

교수자격을 얻기 위한 리만의 강연은 가우스에게도 극찬을 받았을 정도였지만, 리만은 그것을 논문으로는 발표하지 않았다. 그는 그 후에 가우스와 디리클레의 뒤를 이어 1858년에 괴팅겐 대학의 수학교수가 되었다.

그러나 원래 몸이 허약했던 리만은 1862년에 흉막염을 앓았고, 점점 병이 깊어지면서 이탈리아를 여행 중이었던 1866년에 폐결핵으로 39살의 나이에 세상을 떠났다. 리만이 없는 동안 괴팅겐에 있는 그의 집을 지키던 사람이 서재에 흩어져 있던 연구노트를 정리하려고 했다. 하지만 리만은 완성하지 못한 연구의 공표를 거절하였으므로 그 연구들을 영원히 잃어버리게 되었다. 그의 교수자격 강의 내용이 활자화 되어 출판된 것은 그가 사망한지 1년 뒤의 일이었다.

리만은 자기가 고안한 기하학 형식을 물리학에도 응용하는 의도를 가지고, 빛, 전기, 자기, 중력을 통일하는 장의 이론 연구를 수행했다. 리만 기하학이 4차원 시공간의 이론인 아인슈타인의 상대성이론으로 연결된다는 것은 잘 알려져 있지만, 리만 자신도 생전에 이러한 가능성을 눈치 채고 있었던 것 같다.

2차원 세계에 사는 '스퀘어씨'의 세계

가우스, 보여이, 로바쳅스키, 리만으로 발전해 가면서 쭉 이어진 비유클리드 기하학은, 지금까지 대부분 평면에서 논의를 해왔던 기하학이 2차원의 곡면으로 그리고 다차원으로 확장되었다. 그것은 또 아인슈타인의 상대성이론으로, 더욱이 민코스키의 4차원 수학으로 연결된다(뒤에서 언급).

당연하지만 일반 사회는 이러한 수학이나 물리학의 발전에는 흥미도 없고, 또 어떤 일이 일어나고 있는지도 몰랐다. 그렇지만 리만 기하학이 4차원 수학으로 발전한 것은 의외의 모양으로 사람들의 관심을 2차원의 세계로 끌게 되었다.

1880년, 영국의 찰스 하워드 힌턴[6]이라는 수학자가 「네 번째 차원이란 무엇인가?」라는 논문을 발표했다. SF작가이기도 했던 그는 자연과학이나 수학의 연구를 일반인도 이해할 수 있도록 저술하는 재능이 뛰어났다. 문제의 논문에서 힌턴은 3차원 공간에 사는 사람이 4차원 공간을 이해하기에는 2차원 공간에 사는 사람이 3차원 공간을 이해하는 것처럼 어렵다고 지적했다.

덧붙여 말하자면 힌턴은 중혼죄로 하루만 유치장에 들어간 다음 일본에서 살았고, 그 다음에 프린스턴 대학에서 교편을 잡았으며 야구 베팅머신을 발명하는 등 여러 가지 일화를 가진 인물이었다.

1차원의 장에서 다루었던 영국의 에드윈 애보트는 힌턴이 이 논문에서 이야기한 착상에 주목하여, 그것을 바탕으로 평면 위에 사는 2차원의 생명체에 대한 소설 『Flatland』(그림 8)를 썼다.

1차원인 선에는 크기(길이)가 있지만, 2차원의 면에는 '모양'이라는 다른 성질이 있다. 기하학이나 차원에 대한 이야기로, 애보트의 소설에서 주인공인 '스퀘어씨'는 평면 위에 딱 붙어사는 존재이고, 이름이 뜻하는 것처럼 몸이 정사각형이다.

그러나 평면상의 2차원 인간인 스퀘어씨는 보통의 인간 모습을 볼

6_찰스 하워드 힌턴(Charles Howard Hinton, 1853~1907년). 4차원 공간을 대중에게 널리 알린 영국의 수학자이며 SF작가. 저서 『과학적 로맨스집』에는 「네 번째 차원」, 「평면세계」 등을 포함하는 논문이 들어있다. 거기에서 입방체를 사용하여 4차원을 표현하기도 하고, 정8포체(4차원 초입방체)나 4차원 공간의 방향을 나타내는 '카타'와 '아나'(그리스어로 「아래에서」와 「위쪽」을 의미)라는 말을 만들어 냈다. 54세 때 뇌졸중으로 세상을 떠났다.

그림 8 『Flatland』의 표지

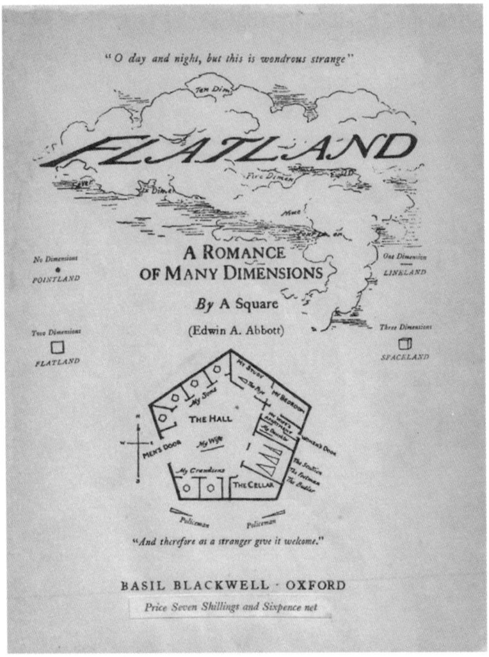

2차원 세계의 생명체를 그린 19세기 애보트의 소설

수는 없다. 종이에 그림을 그려 오려내어 완전히 가로에서 봐도 종이의 두께가 선으로만 보이는 것처럼 평면상의 인간의 눈에 보이는 것은 선뿐일 것이다. 그들 세계의 지평선은 직선이고, 인간도 다른 물체도 모두 직선으로밖에 보이질 않는다(원래 두께가 없는 직선은 본래부터 어떻게 해도 보이지 않는다).

애보트의 『Flatland』에 살고 있는 스퀘어씨는 2차원적인 모양을 머릿속에서만 상상할 뿐 보지 못한다. 그들의 세계에 높이는 없지만 안쪽으로 갈 수는 있으므로 모양이 존재한다는 것은 알고 있다. 그렇지만 3

차원에서 2차원을 아래로 볼 수 있는 우리들은 모양의 의미도, 보이는 방법도 전혀 다르다는 것이다.

2차원 세계를 잰다

2차원 공간에 인간과 같은 지적인 생명체가 살고 있다고 한다면, 그들은 자기들의 세계가 어떤 모양인지를 알 수 있을까? (63쪽 칼럼 「중성자별의 2차원적인 생물」 참조)

2차원에 사는 사람은 힌턴이나 애보트가 지적한 것처럼, 2차원 우주의 전체상을 볼 수는 없다. 예를 들어 그 2차원 우주가 곡면이라 해도 그들은 자기들이 사는 공간이 굽어있는지 어떤지 모를 것이다. 굽은 2차원 공간 위의 직선, 예를 들면 지구의의 표면에 그려진 경선이나 위선은 3차원의 유클리드 공간에 사는 인간에게는 곡선으로 보이지만, 굽은 2차원 공간에 사는 인간에게는 직선으로밖에 보이질 않는다.

그렇지만 가우스는 앞서 이야기한 것처럼 2차원 공간이라면 그 내부로부터 공간의 성질을 조사할 수 있다는 데 눈치를 챘다. 비유클리드 기하학의 창시자로 측지학(삼각측량)에도 해박했던 그는, 면의 성질을 조사할 때에는 세 점을 이은 선이 만드는 각도, 즉 면 위에 그린 삼각형의 각도를 조사하는 방법을 생각해냈다.

초등학교에서는 「삼각형 내각의 합은 180도」라고 배우고, 이것은 상식이다. 삼각형의 세 각도를 합하면 180도가 된다. 분명히 평면 위에서 이것은 옳다.

그림 9 2차원 공간에 있어서 삼각형 내각의 합

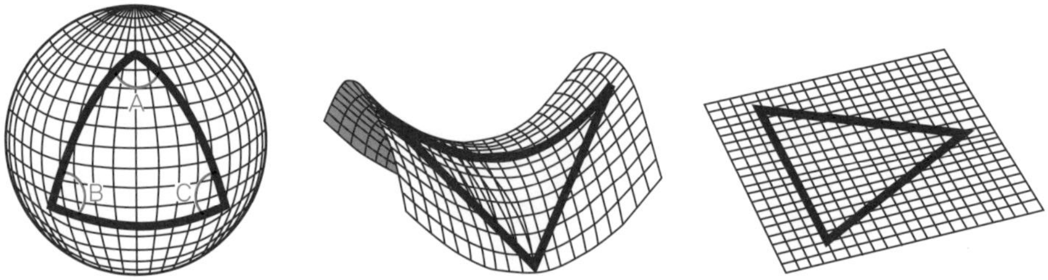

● 양의 곡률
A+B+C는 180도보다 크고
두 평행선은 서서히 열린다

● 음의 곡률
A+B+C는 180도보다 작고
두 평행선은 차츰 접근한다

● 평면곡률
A+B+C는 180도이고
두 평행선은 절대로 만나지 않는다

그렇지만 가우스는 이것은 「평면 위에서만 성립한다」는 사실을 알고 있었다. 곡률이 양인 곡면 위에 삼각형을 그리면, 세 내각의 합은 180도보다 커진다. 역으로 말안장과 같은 곡률이 음인 곡면에서는 삼각형의 세 내각의 합은 180도보다 작게 된다(그림 9).

이 그림을 보면 분명한 것처럼 삼각형의 내각의 합이 180도라는 말은 유클리드 기하학에서만 성립하는 공리이다. 결국 2차원 공간에서 삼각형의 각도를 측정하면, 거기에 살고 있는 인간은 자기가 사는 공간이 평탄한지(곡률 = 0) 혹은 곡면인지를 알 수 있다.

가우스는 본국의 측량 사업에 참가했을 때 세 개의 지점이 만드는 삼각형의 각도를 측정하여, 우리가 살고 있는 3차원 공간에서 유클리드 기하학이 엄밀하게 성립하는지 어떤지를 조사하려고 했다. 이것에 대해서는 다음 장에서 조금 더 상세하게 알아보기로 한다.

사람의 눈에는 2차원밖에 보이지 않는다

앞서 이야기한 Flatland의 이야기에서도 나온 것처럼 2차원 세계에 살고 있는 2차원 생물은 1차원밖에 볼 수가 없다. 이것을 확장하면 3차원 생물인 인간은 2차원밖에 볼 수 없는 것이다.

인간의 눈은 주위의 모습을 2차원에 평면적으로 받아들인다. 그럼에도 불구하고 경치나 거기에 존재하는 사람 혹은 물체가 3차원적으로 즉, 입체적으로 보이는 것은 양 눈 사이가 조금 밖에 떨어져 있지 않으므로 좌우 각각의 눈이 받아들이는 영상이 다르기 때문이다. 인간의 뇌는 이 영상의 차이를 실제로 착각하여 3차원으로 해석하고 있다. 다시

그림 10 도형을 그릴 때의 보조선 (사례)

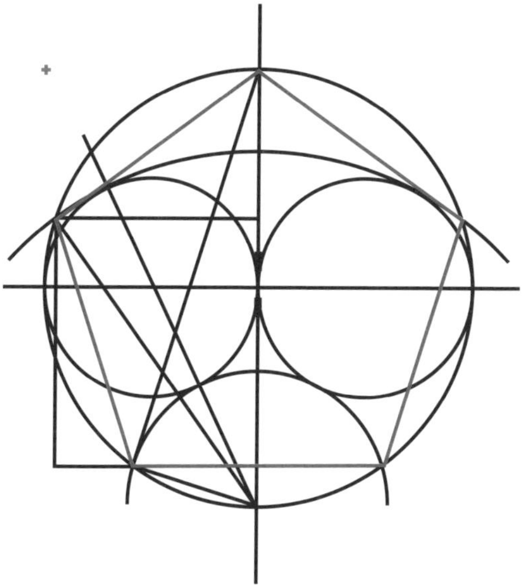

정5각형을 작도하는 방법의 하나. 정5각형(붉은 선) 이외의 선은 보조선

말해 2차원 영상을 (불완전한) 3차원 영상으로 다시 구성하는 것이다 (최근에 유행하는 3D 영화나 3D 텔레비전은 이 짜임새를 이용하여 뇌에 착각을 일으키는 것에 불과하고, 영화가 실제로 3차원일 이유는 없다).

기하학에서도 우리들은 2차원의 평면에서는 문제를 취급하기가 쉽다. 평면에 그려진 도형은 회전시키거나 변형시키기가 쉽고, 정확한 도형을 그릴 때 필요한 보조선을 긋는 것도 쉽다(그림 10). 인간은 시각과 뇌의 움직임에 의하여 이러한 도형으로부터 3차원적인 전체의 모습을 추측할 수 있는 능력을 가지고 있다.

이것이 3차원 도형이 되면 (또는 2차원에서도 곡면의 도형이 되면), 우리들의 눈에 보이는 것은 도형의 일부일 뿐이다. 그러므로 전체의 모습을 파악하기 위해서는 회전시키거나 평면으로 잘라 단면 그림을 보는 등 그것을 바탕으로 뇌 안에서 전체의 모습을 상상하여 재구성해야 한다. 인간은 3차원을 직접 볼 수 없기 때문이다. 따라서 다음 장에서는 우리들의 일상 세계인 3차원 공간을 섭렵하기로 하자.

칼럼

중성자별의 2차원적인 생물

본문에도 2차원 세계의 생물에 대한 이야기가 비유적으로 등장하지만, 중성자별에 사는 2차원적인 생물을 주인공으로 한 SF소설도 있다. 저자는 미국의 물리학자이고 중력공학의 전문가, 그리고 최신의 물리학을 근거로 하여 현실처럼 생생한 소설을 쓰고 있는 것으로 알려진 로버트 포워드 박사(사진 3)이다. 중성자별 생물은 그의 SF 작품

사진 3 로버트 포워드(Robert L. Forward, 1932~2002)

중력이론의 연구자로서 오랫동안 휴즈연구소 상급연구원으로 지냈다. 『용의 알』 등 SF작가로도 세계적으로 명성을 떨쳤으나 2002년 간암으로 세상을 떠났다.

(사진: 야자와)

『용의 알』(일본어역-하야카와 SF문고)에서 등장한다.

중성자별은 지름이 불과 20 km의 아주 작은 천체로서 거대한 별이 진화하다가 끝내 초신성 폭발을 일으킨 후 남은 것이다(보다 큰 별이 초신성이 된 다음에는 이론상 블랙홀이 남는다).

그러나 중성자가 가득 차 있는 초고밀도인 이 별은 질량이 태양의 반이나 되고 표면 중력은 지구의 700억 배, 더욱이 탄생 직후에는 매초 1000회전이나 하는 빠른 스피드로 자전하고 있다(수천 년 뒤에는 자전속도가 매초 5회전 정도까지 낮아진다). 그렇지만 포워드 박사에 의하면 이 정도로 가혹한 환경에서도 중성자별에는 생물이 존재할 가능성이 있다고 한다.

중성자별의 표면은 태양과 전혀 다르다. 철의 원자핵으로 되어 있는 결정질의 지각이 단단하게 얼어붙은 채로 흰 빛을 받아 열을 내고 있다. 이 천체가 얼어 수축해가며 지각에는 주름이 생기지만, 그 표면에서는 굉장한 중력에 저항하면서 '높이가 몇 cm'인 산맥이 모습을 드러낸다. 더욱이 길이가 수십 m, 깊이가 1 km 정도의 땅 갈라짐이 무섭게 단단한 표층을 갈라놓는 것처럼 된다.

땅이 갈라지면서 전자를 동반한 액체중성자를 내뿜고, 철의 증기구름이 '고도 15 cm' 정도의 성층권까지 날아 올라간다. 그리고 잠시 있으면 이 천체에 생명을 착감기게 하는 생태학적 조건이 갖추어지고, 결국 생명이 탄생한다.

중성자별의 생물이 지적인 생물이라고 하면, 그 복잡성의 목표는 원자의 수—10^{25}개 정도—일 것이다. 그들은 지름이 5 mm, 높이가 0.5 mm의 평탄한 아메바와 같은, 즉 2차원적인 몸을 가진 것이다. 몸의 밀도는 물의 700만 배이다(그림 11).

중성자별 생물의 몸을 만들고 있는 분자의 반응속도는 우리들의 100만 배에 달하기 때문에 그들은 인간보다 100만 배나 빠른 속도로 생활하며 생각하고 번식하면서 죽어간다. 인간의 1년은 그들의 100만 년이고 인간의 하루는 그들의 2500년에 해당하므로 이 사이에 얼마나 많은 제국이 흥망성쇠를 반복하겠는가!

그들의 시각에서 우리 인간은 놀랍게도 피의 순환이 나쁘고, 동작이나 말하는 게 느리다. 인간이 한 마디 할 때마다 그들의 하루가 지날 것이다—포워드 박사는 우주에 존

그림 11 중성자별의 생물

중성자별에 사는 지적인 생물은 지구의 수억 배나 강력한 중력 아래에서 아메바와 같은 평탄한 몸을 하고 있다? (일러스트: 야스다(安田尙樹)/ Yazawa Science Office)

재할지도 모르는 2차원적인(엄밀히 2차원적은 아니다) 생물의 모습을 물리학과 생물학의 이론으로부터 이렇게 추측한 것이다.

CHAPTER

3

3차원의 세계

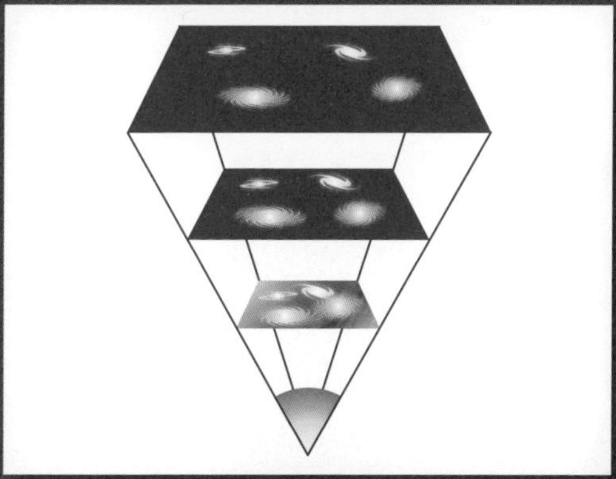

우리가 살고 있는 세계는 3차원이다. 하지만 이 당연한 3차원 공간이 물리학자들에게는 쉬운 세계가 아니다. 공간 속에 이질적인 물질이 존재하는지, 공간과 물질은 같은 것인지, 여기서는 뉴턴의 절대공간, 우주공간 그리고 3차원 공간의 비연속성으로의 발을 들여놓는다.

공간과 물질은 같은 것

1차원의 선을 움직이면 그 자취가 2차원의 면이 되는 것처럼 2차원의 면을 이동시키면 3차원의 입체가 생긴다. 우리가 살고 있는 이 세계에 존재하는 모든 '실체'는—적어도 원소로부터 만들어지는 것은—모두 3차원이고 '부피' 즉, 용적과 체적을 가지고 있다. 그리고 이러한 실체를 수용하고 있는 「공간」도 마찬가지로 3차원이다.

그러면 3차원 공간이란 어떤 공간을 말하는가? 인간은 옛날부터 종종 태양이나 달, 혹성 그리고 아득히 먼 별들을 보면서 스스로 이러한 의문을 반복해 왔다.

그림 1 르네 데카르트(René Descartes, 1596~1650)

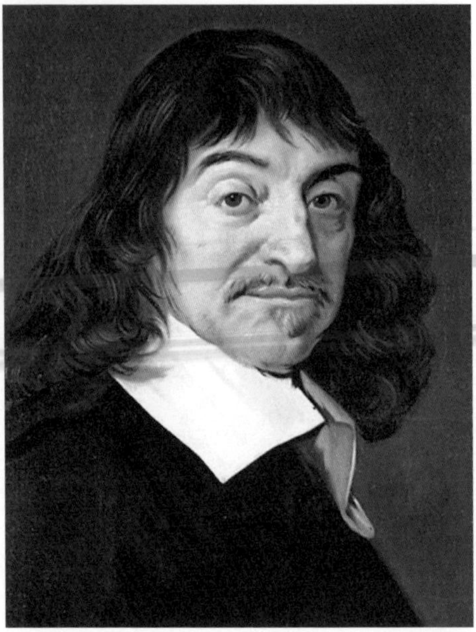

'근대철학의 아버지'로 부르는 프랑스의 철학자, 수학자, 자연과학자. 1637년에 최초로 『방법서설』을 지었다. 자연과학 분야에서는 「관성의 법칙」과 「운동량 보존의 법칙」을 발견했다.

예를 들면 17세기 프랑스 철학자 르네 데카르트(그림 1)는, 공간은 물질로 가득 차 있다고 생각하여 거기에서 물질이 없는 공간, 즉 '절대 공간'은 존재하지 않는다고 주장했다.

데카르트 입장으로 보면 물질의 본질은 '공간적인 퍼짐'이고 공간과 물질은 같은 것이었다. 물질이 존재하지 않는 공간인 '진공'은 있을 수 없고 무한히 퍼져가는 공간에는 알 수 없는 미세한 입자 '에테르'가 충만해 있다. 하늘에서는 이 에테르가 소용돌이를 일으키고 혹성들을 움직이게 한다는 것이었다(그림 2).

이러한 데카르트의 생각은 고대 그리스의 철학자인 아리스토텔레

그림 2 데카르트의 우주

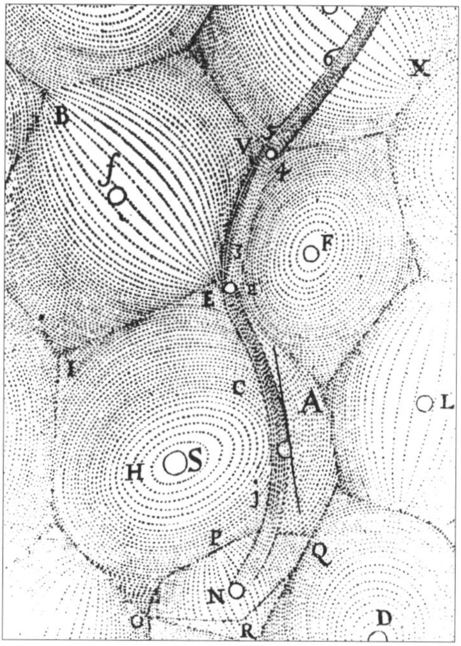

데카르트는 우주공간이 에테르로 가득 차있고, 그것이 별들의 주위를 소용돌이처럼 회전하고 있다고 생각했다. 중앙의 S가 태양을 나타낸다.

스가 말한 우주공간의 개념을 어느 정도 이어받은 것이었다. 아리스토텔레스는 달보다 위에 있는 '항성천구'는 투명한 에테르로 가득 차있다고 생각했었다. 그리고 천구는 유한하고 천구의 바깥에는 아무 것도 존재하지 않아, 따라서 공간도 마찬가지로 존재하지 않는다는 것이었다. 아리스토텔레스를 시작으로 하는 고대 그리스의 철학자들에게 물질과 공간은 분리할 수 없었던 것이었다.

데카르트가 51세였던 1647년, 그는 같은 나라의 젊은 과학자 파스칼[1]의 집에 이틀 동안 머무르면서 물질이 존재하지 않는 공간(진공)이 존재하는지 어떤지를 둘러싸고 토론을 벌였다. 당시 약관 24살의 파스칼의 입장은 데카르트와는 달랐다. 그는 갈릴레오 갈릴레이의 제자였던 이탈리아의 토리첼리가 행한 진공 실험[2]에 흥미를 기억하고, 그 실험에 스스로 생각한 궁리를 더해 보다 엄밀하게 실험해서 진공의 존재를 확신하게 되었다.

그러나 데카르트는 파스칼의 의견에 동의하지 않았으며, 지인에게 쓴 편지에서 '그의 머릿속에는 진공으로 가득 차있다'고 비난했다.

이러한 데카르트의 비판에도 상관하지 않고, 1648년 파스칼은 형에게 부탁하여 프랑스 중남부에 있는 퓨이 드 돔 산—해발 1500 m에 미치질 않지만—에서 대기압을 측정하는 실험을 했다(사진 1). 파스칼은

1_블레즈 파스칼(Blaise Pascal, 1623~1662년). 프랑스의 수학자, 물리학자, 철학자이고 확률론의 창시자. 16세 때 사영기하학의 기본적인 사고의 하나를 만들었고, 「파스칼의 정리」를 제창했다. 19세 때는 기계식 계산기를 발명하는 등 조숙한 천재였지만 39세의 나이에 세상을 떠났다.

2_토리첼리의 실험. 이탈리아의 물리학자 에반젤리스타 토리첼리(Evangelista Torricelli, 1608~1647)가 1643년에 진공의 존재를 처음으로 증명한 실험. 수은을 가득 채운 긴 관의 한쪽을 닫고, 열려 있는 다른 쪽의 끝을 아래로 하여 수은을 가득 채운 용기에 세우면 관의 윗부분에 진공이 생긴다.

사진 1 퓨이 드 돔 산

파스칼의 고안으로 대기압 관측실험이 이루어졌다.

태어날 때부터 몸이 허약했고 늘 병상에 있었던 시간이 많아 스스로 측정할 수가 없었다.

이 측정에 의하여 높이가 높아질수록 대기압이 낮아진다는 것이 밝혀졌다. 그래서 파스칼은 이 결과에 부연하여 대기보다 훨씬 높은 곳에는 진공이 널리 퍼질 것임에 틀림없다고 추측했다.

데카르트를 시작으로 당시 많은 과학자는 이 실험결과를 인정하지 않았고, 대기의 저쪽에 진공이 존재한다는 파스칼의 주장 역시 인정하지 않았다. 공간은 물질의 부대물이라는 고대 그리스 철학자들의 견해는, 2000년 뒤 이 시대에도 거의 그대로 이어지고 있었다. 뉴턴이 등장하기 전까지는 말이다.

뉴턴의 3차원의 「절대공간」

큰 변화는 아이작 뉴턴(그림 3)과 함께 찾아왔다. 뉴턴은 17세기 영국에서 신학을 중심으로 하여 화학, 천문학, 물리학 등의 자연과학으로부터 수학에 이르기까지 모든 문제에 몰두하였고, 과학사에 당치도 않은 거대한 발자취, 즉 「뉴턴 역학」을 남기게 되었다(단, 50살 무렵에 연금술의

그림 3 아이작 뉴턴(Isaac Newton, 1642~1727)

갈릴레이 갈릴레오가 죽은 해(1642년)에 영국에서 태어난 물리학자, 철학자, 수학자. 빛의 스펙트럼, 만유인력, 미적분법의 3대 발견을 행하여 근대과학의 막을 연 최대의 과학자

실험에 의한 수은중독 또는 연구와 대인관계의 스트레스로 정신분열을 일으켜 연구생활을 그만두었다. 1699년 조폐국장관에 부임한 이후, 죽을 때까지 자연과학으로 돌아오지 않았다).

그는 물체가 어떻게 운동하는지를 주의 깊게 관찰하고, 거기에서 물체의 보편적인 운동법칙을 이끌어내려고 했다. 더욱이 운동이 일어나는 이유를 고찰하고, 물체가 지상으로 낙하하는 원인은 지구의 중력(만유인력) 때문이라고 결론을 내렸다.

운동법칙을 수식적으로 나타내는 데는 3차원 공간의 각 점을 나타내기 위한 좌표가 필요하게 된다. 그래서 뉴턴은 직교하는 가로, 세로, 높이라는 세 축—3개의 차원—을 가지는 좌표를 가정했다. 결국 이 공간에서 유클리드 기하학이 성립하는 것은 암시적으로 양해하고 있었다.

여기에서 기억해야 할 것은 뉴턴이 이 3차원 공간을 '신이 만들어 내려준 우주' 그 어디에 있어도 영원히 변화하지 않는, 즉 「절대공간」(그림 4)이라 정의했다. 「절대공간은 본질적으로 어떠한 외부의 사물과도 관계없이 존재하고 항상 불변부동이다」—그는 물리학의 운동법칙을 기록한 가장 유명한 저작물 『프린키피아』에 이렇게 쓰고 있다.

그렇지만 뉴턴이 말하는 곳의 「물질이 존재하지 않는 3차원 공간」을 동시대의 독일 철학자 고트프리트 라이프니츠[3]는 심하게 비판했다. 그는 미적분의 발견에 대한 우선권을 두고 뉴턴과 싸운 독일의 수학자

3_고트프리트 라이프니츠(Gottfried Wilhelm Leibniz, 1646~1716년). 독일의 수학자, 철학자. 『결합법론』을 지어 보편학의 기초를 만들었다. 자연과학, 사회과학, 인문과학 등에 능통한 외교관이기도 했다. 1700년에 베를린 과학아카데미를 창설하여 초대회장이 되지만, 하노버 왕 게오르크가 독일을 떠나 영국에서 조지 1세로 왕위에 올라 그는 벽지로 쫓겨나 실의에 빠져 죽었다.

그림 4 뉴턴의「절대공간」

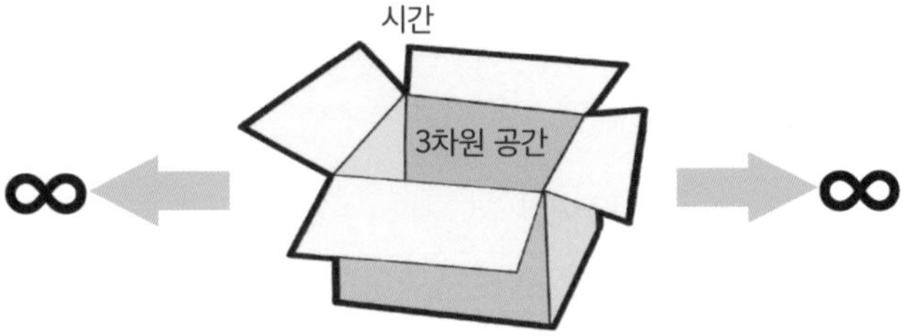

뉴턴은 3차원 공간이 항상 어디에서든 불변부동으로 독립된 존재이고, 또 시간은 어디서든 늘 같게 흐른다고 생각했다.

이고,「모나드론」[4]을 제출한 것으로도 알려져 있다(뉴턴은 라이프니츠가 자기가 발견한 것을 훔쳤다고 오랜 기간 주장했다).

라이프니츠는 뉴턴의 친구였던 영국의 수학자 사무엘 클라크와의 왕복편지에서, '공간의 실재성은 인간의 머릿속에서만 존재하는 환상에 지나지 않는다'라고 했고, '물질이 존재하고부터 처음으로 공간의 장소성이 의미를 갖는다'라고 주장했다. 동시에 존재하는 여러 개의 물체의 배열이야말로 공간에만 존재한다. 그런데 만일 물질이 없어도 성립하는 절대적 공간이 있다고 하면, 물질이 없을 때 그것의 각 부분을 구분하는 것은 불가능하다고 하여, 그것은 불합리하다고 라이프니츠는 이렇게 주장한 것이다.

그러나 라이프니츠에게 또 당시의 많은 철학자나 자연과학자에게 있어서 공간의 개념은 철학적 신념에 바탕을 둔 것이고, 누구도 그것을

4_모나드론. 라이프니츠 철학의 기본개념으로, 모나드(monade)는 그리스어의 1(mono)에서 유래. 퍼짐이나 모양을 갖지 않는 분할할 수 없는 실체. 다수의 모나드가 모여 우주를 구성하고 있다고 한다. 그 본질은 표상이라는 작용에 있고, 어두운 모나드는 물질적인 것을, 밝은 모나드는 이성적인 정신이나 영혼을 나타낸다. 모나드 자체는 닫힌 실타래이지만, 각각이 우주 전체를 반영하고 있다. 또 모나드 자체는 상호작용을 하지 않지만, 상호 대응관계가 있어 예정조화설의 기본을 이룬다. 모나드론에는 기계론과 목적론의 상극을 극복한다는 목적이 있었다.

그림 5 물통의 실험

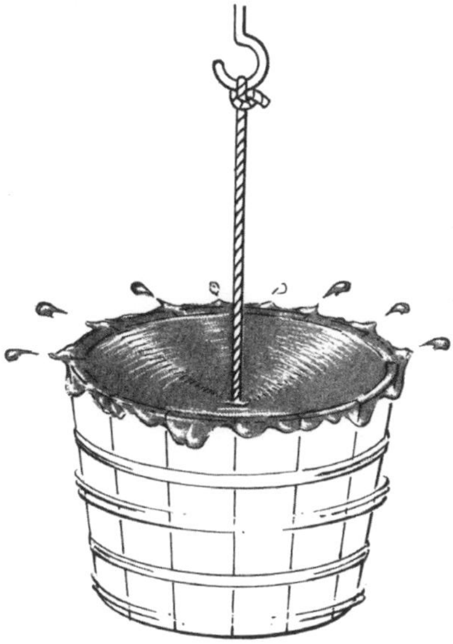

뉴턴은 이 실험으로 절대공간과 절대시간을 정의했다.

관측이나 실험에 의해서 검증한 것은 아니었다. 그렇지만 뉴턴은 이론의 검증을 중요시 했다. 그리고 3차원 공간이 외적 사물에 관계없이 변하지 않고 또 절대적이라는 것을 보이기 위해 유명한「물통 실험」(그림 5)을 1689년에 발표했다.

물을 반 정도 담은 물통을 줄로 매달아 내린다. 이 물통을 그 위치에서 천천히 회전시키면 줄이 바짝 비틀어진다. 그리고 어느 곳까지 줄이 비틀어지면 물통을 붙잡고, 가운데 물이 조용히 가라앉기를 기다려 물통에서 손을 뗀다. 그러면 감긴 줄이 풀어지면서 그 힘에 의해 물통은 회전하기 시작한다. 처음에는 물통이 돌아도 물은 조용한 채로 회전하지 않고 물통의 수면도 평탄하다. 하지만 잠시 후 물과 물통 모두 회전하기 시작해, 회전속도가 높아짐에 따라 수면의 중앙이 움푹 들어가고 주위 테두리가 솟아 올라온다.

비틀어진 줄이 다 풀린 후에도 물통의 회전 타성(관성)에 의하여 그대로 반대로 비틀어지기를 반복하여 잠시 후 물통의 회전은 느려져 정지한다. 그러나 이때 물통이 멈추어도 담긴 물은 잠시 회전을 반복하고 주변의 물도 솟아오른 체이다.

이 실험 결과는 우리들의 일상적인 경험으로부터 생각하여 달리 드문 현상이라고는 생각하지 않는다. 그렇지만 뉴턴은 다음과 같은 의문을 나타냈다—'왜 물의 주변이 솟아오를까?'

많은 사람은 '원심력으로 물통의 외벽에 물이 눌리기 때문'이라고 대답할지도 모른다. 그러나 후세에 '물리학의 아버지'로 불리게 되는 뉴턴의 대답은 그렇게 단순하질 않았다.

물통과 함께 물이 회전한다는 것은, 물이 물통에 대해서는 회전하지 않는다는 것을 의미한다. 그럼에도 불구하고 물의 주변부가 솟아오른다. 바꾸어 말하자면 물통과 물이 상대적으로는 운동을 하지 않아도, 물통의 회전에 의하여 생기는 원심력이 물에 작용하고 있다는 것이다. 그래서 뉴턴은 물이 절대공간 속에서 운동하기 위해 주위가 솟아오른다고 말했던 것이다.

그렇지만 뉴턴의 이러한 견해는 200년 정도 후, '물통의 물은 물통을 정지시키고 우주 전체를 회전시켜도 물 주위가 솟아오른다'는 독일의 에른스트 마흐[5]에 의하여 비판을 받았다. 마흐는 절대공간이라는 개

5_에른스트 마흐(Ernst Mach, 1838~1916년). 물리학자, 철학자. 모라비아(지금의 체코)에서 태어났다. 이론 실증주의의 할아버지인 그는 뉴턴의 절대공간을 부정하고 「마흐의 원리」를 제창했다. 물체가 음속을 넘을 때는

념을 가져오지 않고 물 표면의 변화를 물과 물통 이외의 물질과의 상대운동에 의하여 증명하였다.

그리고 마흐로부터 조금 뒤 뉴턴의 절대공간의 견해는 아인슈타인에 의하여 최종적으로 부정에 이르게 된다(제4장 참조).

우주의 3차원 공간은 평탄한가?

우리가 사는 3차원 공간에서는 유클리드 기하학이 성립한다—이것이 실제로는 하나의 가정에 지나지 않는 것에 위대한 물리학자 뉴턴도 눈치채지 못했다.

그렇지만 앞 장에서도 등장한 수학자 칼 프리드리히 가우스는 달랐다.

이미 15세 때부터 그는 유클리드의 평행선의 공준(직선 위에 없는 한 점을 지나는 평행선은 하나밖에 없다. 제2장 참조)에 대하여 의심을 품고, 나중에 이 공준이 성립하지 않는 비유클리드 기하학이 존재하는 데 눈치를 챘다.

가우스는 학창 시절부터 세 지점의 각도를 측정하여 지점 사이의 거리를 측정하는 삼각측량[6]에 흥미를 갖고, 20대 중반에 처음으로 현장에서 삼각측량을 도왔다. 그리고 1818년 그는 지금의 독일 북부에 있었던 하노버왕국의 국왕인 게오르크 4세(영국 국왕 조지 4세이기도 했

충격파가 발생하는 것을 실험으로 보였기 때문에 물체의 속도와 음속과의 비는 '마흐 수'라고 부른다.

6_삼각측량. 멀리 떨어진 각 점끼리를 이어 한 개 또는 여러 개의 삼각형을 만들고, 삼각법으로 각 변의 길이를 구하는 방법. 최초는 기준이 되는 선과 세 개의 내각을 측정하고 각 변의 길이를 구하여, 이어서 측정된 변을 포함하는 새로운 삼각형의 세 내각을 측정하여 측량한다.

그림 6 헬리오트로프(회조기)

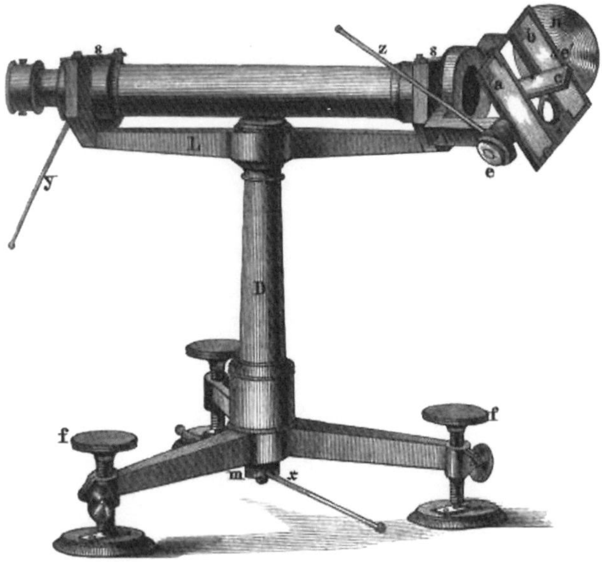

가우스가 개발한 거울 면에 태양빛을 반사시켜 삼각측량을 한 관측 장치. 헬리오트로프는 그리스어의 태양(헬리오)과 회전(트로프)의 합성어.

다)의 의뢰를 받아 본격적으로 측량에 착수했다.

이때 가우스는 태양광을 반사시키는 '헬리오트로프(회조기. 그림 6)'라고 이름을 붙인 장치를 개발했다. 이것은 거울을 사용한 태양광반사 장치로, 측량지점에 두고 다른 측량지점에서 헬리오트로프가 반사한 태양광을 관측하면 각각의 관측지점 사이의 각도를 정밀도가 높게 측정할 수 있다는 것이었다.

그렇지만 가우스는 이때 단순히 지형측량만을 목적으로 하지는 않았다. 그는 인간이 살고 있는 이 3차원 공간이 평탄한지, 즉 유클리드 기하학이 성립하는지 어떤지를 조사하려고 했다. 그러한 것도 3차원 공간이 반드시 뉴턴이 상정했던 유클리드적인 직교좌표를 가지는 공간은 아니라는 것을 스스로 측량의 경험으로부터 알고 있었기 때문이었다.

가우스는 독일의 중부에 있는 브로켄 산, 인젤스베르크 산 그리고 호엔하겐 산의 각 정상에 삼각점을 두고, 삼각형의 내각을 측정했다(그림 7).

만일 이 측량에서 삼각형의 내각의 합이 엄밀하게 180도라면 우리가 사는 세계 또는 우주의 3차원 공간에서도 유클리드 기하학이 성립하고, 공간은 평탄하다는 것이 된다.

결과는 이를 뒷받침하게 되었다. 각 점의 거리, 즉 삼각형 변의 길이는 69, 85, 109 km이고, 내각의 합은 180.1485도였다. 이것은 180도보다 조금 더 큰 관측오차의 범위였다. 최소제곱법을 개발한 가우스는

그림 7 가우스의 관측

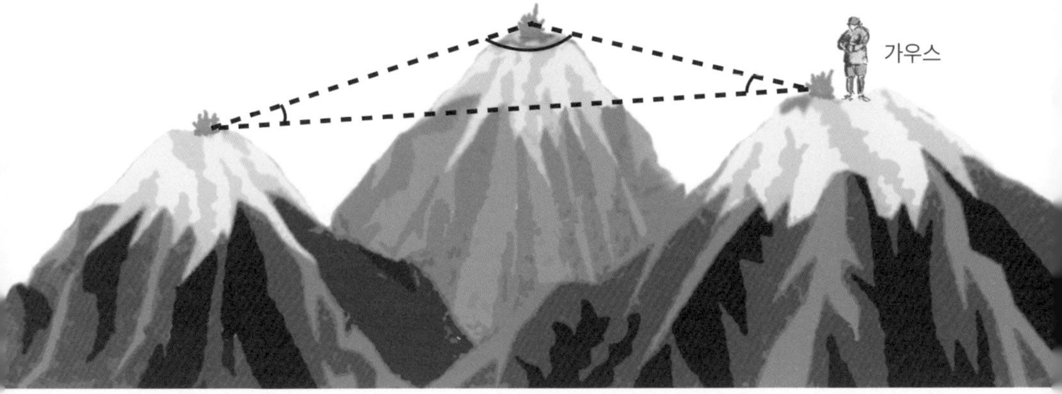

세 개의 산꼭대기를 이은 삼각형의 내각의 합이 정밀하게 180도였다는 것으로부터, 지구 표면에서는 유클리드 기하학이 성립한다는 것이 밝혀졌다.

(자료: E.B.Burger & M.Starbird, The Heart of Mathematics)

오차에 대해서도 알고 있었다. 그의 관측 결과는 적어도 지구 표면의 3차원 공간이 평탄하다는 것을 실증한 것이다.

빅뱅우주론과 평탄한 우주

우주관측 기술이 현저하게 진보하고 우주에 대하여 보다 깊이 연구되고 있는 지금, 우주의 3차원 공간의 성질에 대해서는 얼마나 알고 있는 것일까? 이 문제는 원래 이 우주의 3차원 공간이 어떻게 탄생했는지를 고찰해야만 한다.

현재 우주탄생이론(우주론, 우주모델)에 의하면 이 우주는 영원한 과거부터 존재한 것이 아니고 과거 어떤 시점에 갑자기 탄생한 것이다(그림 8). 즉, 우주는 약 140억 년 전 초고온 초고압의 '불의 구슬'에서 시작되었다는 빅뱅우주론을 우주론학자 대부분이 지지하고 있다.

이 이론은 1917년에 아인슈타인의 중력방정식(다음 장 참조)에서부터 시작되었다. 아인슈타인은 이 방정식에 미세한 트릭[7]을 도입하여, 우주는 3차원의 정지하고 있는 구이고 경계는 없지만 유한하다는 답을 유도했다.

이에 대하여 네덜란드의 윌리엄 드 지터와 러시아의 알렉산드르 프리드만은 같은 방정식으로부터 우주는 정지하고 있는 것이 아니고 '팽창하고 있다'는 해를 끌어냈다. 더욱이 벨기에의 조르주 르메트르는 이

7_우주항. 아인슈타인이 우주를 '정지'시키기 위해서 중력장의 방정식(아인슈타인 방정식)에 보탠 항. 193쪽 주 2의 「우주상수」 참조.

그림 8 빅뱅으로 탄생한 우주

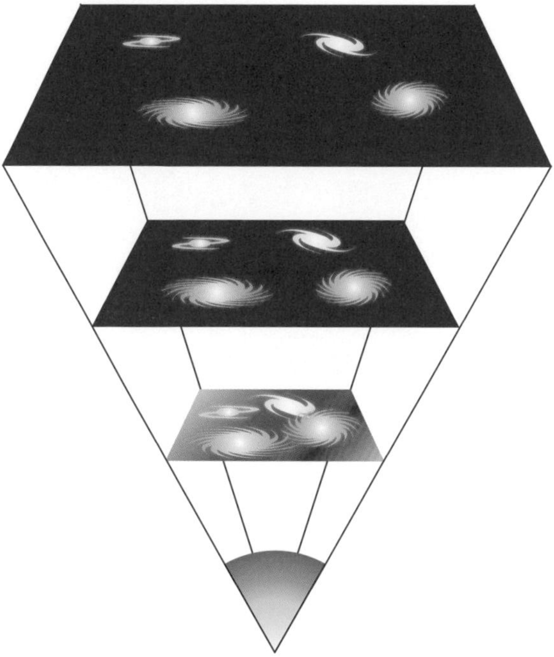

빅뱅우주론에서 우주는 초고온, 초고밀도의 단 한 개의 점으로 감금된 '불의 구슬'이 빅뱅, 즉 대폭발에 의하여 해방되고 지금도 팽창을 계속하고 있다고 한다. (그림: Papa November)

해를 확장하고 부연해서, 우주는 초고에너지의 불의 구슬과 같은 '한 점'에서 시작했다는 견해를 제출했다.

현재의 빅뱅우주론은 기본적으로 이러한 흐름을 그대로 이어받고 있고, 우주공간은 우주 탄생과 함께 만들어지기 시작하여 그 후 폭발적으로 넓어져 지금도 팽창을 계속하고 있다고 주장하고 있다.

우주의 팽창이란 3차원 공간 그 자체가 넓어지는 것을 의미하고 있다. 우주 속에 존재하는 은하들 사이의 공간도 팽창에 의하여 넓어져 간다. 1920년대에 미국의 천문학자 에드윈 허블은 먼 쪽의 은하가 모두 우리들의 은하(은하계)로부터 멀어져 가고 있는 것을 발견하고, 이것이 우주팽창의 증거라고 생각하게 되었다.

이 우주론에서 공간은 단순히 텅 빈 것이 아니고, 거기는 물질의 생성과 소멸의 장이며 물질의 존재를 가능하게 하는 실재이다. 그리고 공간에는 어떤 종류의 기하학적 구조, 즉 모양이 있고 물질의 밀도가 우주의 3차원 공간의 굽는 강도(곡률)를 결정한다고 한다.

예를 들면 물질의 밀도가 어떤 '임계밀도'보다 낮으면 공간의 곡률은 음(마이너스)이고, 높으면 양(플러스)이 된다. 그리고 임계밀도가 되었을 때만 굽지 않은 평탄한 공간(곡률 = 0)이 된다(그림 9 위).

만일 우주의 3차원 공간의 곡률이 영이 아닌, 즉 유클리드 공간이 아니라면 우리들에게 우주는 어떻게 보일까? 우주론 학자나 수학자라면 이 질문에 대하여 다음과 같이 대답할 것이다.

3차원 공간의 곡률이 양인 경우에는, 그 공간에 그려진 삼각형 내각의 합은 180도보다 크게 된다(그림 9 가운데). 그리고 그런 공간에서는 단면이 부풀어진 면(2차원)을 갖는다.

우주의 3차원 공간의 곡률이 전체 양인 경우, 그 우주는 어디든 해방되지 못하고 구와 같이 안쪽으로 닫혀있을 것이다. 그 경우 만일 우주가 작고 곡률이 충분히 크다면, 먼 곳을 관측할 때 관측하고 있는 자기 자신의 등이 보일 것이다.

우주를 한 바퀴 도는 데는 예를 들어 빛의 속도로 몇 억 년, 몇 십억 년이라는 시간이 걸리거나 그대로 말하더라도 자신의 등에서는 없어지든지 옛날 은하계를 관측하게 된다. 어느 예시나 모형그림, 만화식으로 단순화한 이야기이다.

그림 9 3차원 공간의 곡률과 우주의 모습

곡률이 영
(평탄한 우주)

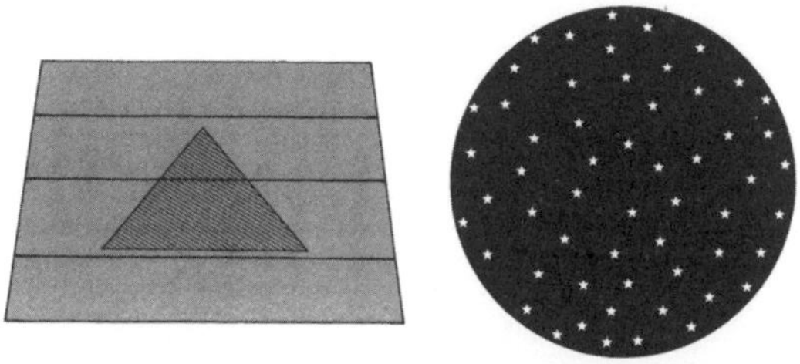

양의 곡률
(닫힌 우주)

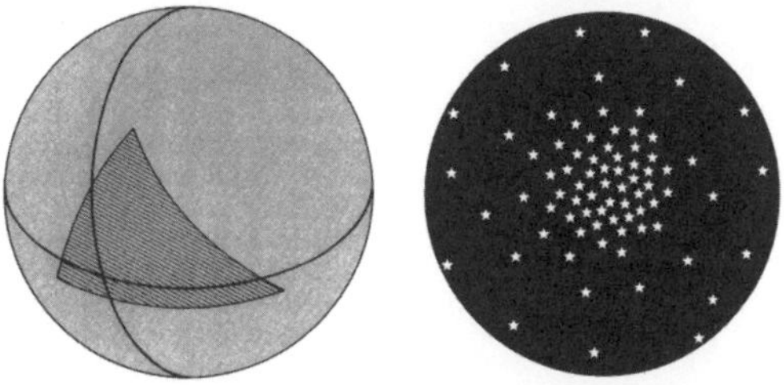

음의 곡률
(열린 우주)

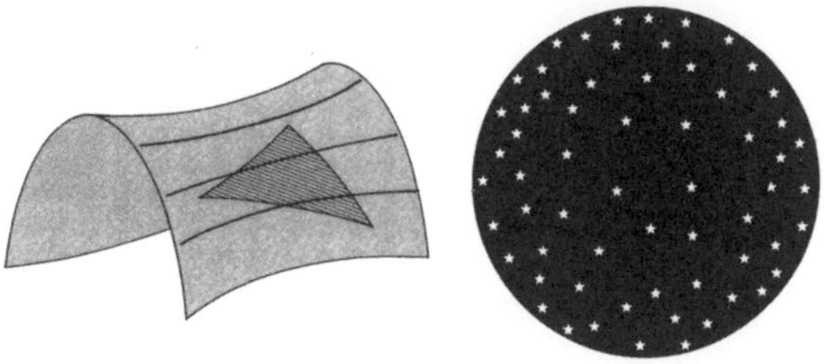

우주의 운명	곡률
닫힘	양
평탄	0
열림	음

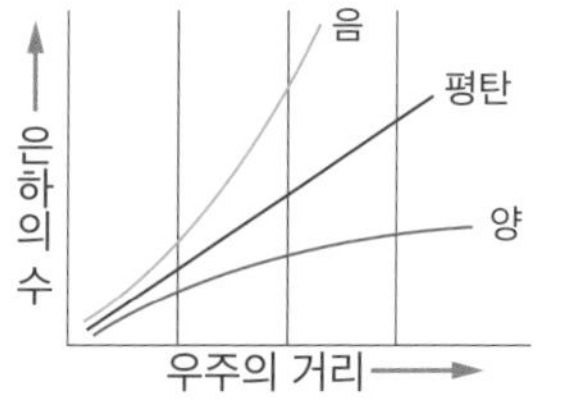

우주는 물질의 밀도 차에 의해 그림에서 보는 세 가지 모습 중 어느 것으로 보이며, 그것에 의해 은하나 별들이 보이는 것도 다르다. (그림: Yazawa Science Office)

우주는 평탄한 채로 팽창?

곡률이 음인 경우에는 어떻게 될까? 이 경우 공간에 그려진 삼각형은 내각의 합이 180도보다 작게 된다. 그리고 3차원 공간을 자르면 그 단면은 쌍곡면, 즉 말안장과 같이 오목하게 들어간 모양이 된다(그림 9 아래).

이러한 3차원 공간에 사는 사람들이 어느 은하로부터 들어오는 빛을 관측하는 것을 생각해 보자. 만일 3차원 공간이 평탄하다면 먼 쪽에 있는 은하의 빛은 우리들의 눈 방향으로 평행하게 들어온다. 그러나 곡률이 음인 공간의 경우에는 같은 점으로부터 나오는 빛임에도 불구하고 오른쪽 눈과 왼쪽 눈은 각각 조금 다른 경로를 달려온 빛을 받아들일 것이다. 그러므로 인간은 관측한 은하가 실제보다 멀리 있는 것처럼 느낀다.

그래서 이러한 우주공간의 기하학을 실제로 우리가 사는 우주로 적용시켜 보면 어떨까? 가우스는 지구 표면 부근의 3차원 공간은 거의 평탄하다는 것을 보였지만, 그렇다면 우주 전체는 어떠한가?

지금까지의 천문학적인 관측으로 탄생 직후의 우주가 '불의 구슬' 상태였다고 하는 우주배경방사[8]가 하늘 전체에 거의 한 모습으로 관측되는 것 등으로부터, 이 우주의 3차원 공간은 아마도 평탄하다고 추측된다. 그리고 혹시 이 추측이 옳다면, 우주는 미래 영원히 평탄한 채로 팽창을 계속하게 될 것이다.

8_우주배경방사. 1965년, 벨 전화연구소의 아노 펜지아스와 로버트 윌슨은 하늘 전체에서 오는 강하고 일정한 마이크로파를 검출했다. 이 마이크로파의 방사원의 온도는 3K(정확하게는 2.7K)로 빅뱅이론이 예측하는 우주배경방사의 온도와 일치하므로 빅뱅이론을 뒷받침하는 증거가 되었다.

3차원 공간은 연속하지 않다?

뉴턴은 일찍이 '공간은 균일하고 연속적'이라고 생각했다. 실제 물리학 이론은 공간은 연속적이라 하는 시점으로부터 조립되어 있고, 그것에 의한 명백한 모순은 존재하지 않는다.

확실하게 우리들의 감각은 공간이 연속하고 있다는 것을 강하게 지지하고 있다. 어느 지점에 있었던 사람이 뒤틀려 꼬여서 다음 순간에 다른 지점에서 나타나는 등 이러한 현상을 우리들은 목격한 적이 없다.

그렇지만 우리가 사는 3차원 공간이 연속하고 있다는 확실한 증거도 존재하지 않는다. 그래서 최근 이런 견해에 의문을 던지는 이론도 등장하고 있다. 그 이론(루프양자중력이론[9])에 의하면, 3차원 공간은 지금까지 생각해 온 것처럼 무한하고 연속적이지 않다. 그것은 아주 작은 크기가 유한한 단위를 가지고, 그 단위공간이 무수히 바퀴(루프)처럼 연결되어 우주를 만들고 있다고 한다. 결국 3차원 공간은 유한하고 불연속이라는 것이다. 무엇보다도 이 이론은 실험 등에 의하여 검증되지 않았다.

19세기의 수학자 앙리 푸앵카레는 '수학은 인간의 사고가 구축한 것이지만, 자연은 인간의 사고와는 독립적으로 존재한다'라고 말했다. 수학적으로 쌓은 물리이론이 어느 정도 훌륭하게 또는 아름답게 보여도, 실험이나 관측이 보이는 것과 다르다면 그것은 진실이 될 수 없다. 그렇더라도 뒷장에서 우리들은 수학이 예언하는 더욱 기괴한 차원의 세계를 들여다보지 않으면 안 된다.

9_루프양자중력이론. 일반상대성이론과 양자론을 통일적으로 설명하는 이론(양자중력이론)의 한 종류로, 중력장을 전자장과 같이 취급한다. 지금 상태에서는 검증은 곤란하다.

칼럼

3차원 우주와 정다면체

플라톤은 3차원 우주를 '영원불변의 실존'과 비슷한 모습이라고 생각하고, 그 실체를 「이데아」라고 불렀다. 그에 의하면 이데아는 대칭성이 아주 높은 '완전한 입체'인 구로 뚜렷이 모습을 나타낸다고 말한다.

또 우주의 '원자(atom)'는 삼각형이고, 물질을 구성하는 4원소—불, 물, 흙, 공기—는 삼각형의 조합에 의하여 생긴다. 4원소는 기하학적인 모습을 가지고, 불은 정4면체, 물은 정20면체, 흙은 입방체(정6면체), 공기는 정8면체이다. 그리고 가장 구에 가까운 모습의 정12면체는 우주 전체를 나타낸다고 했다.

그림 10 다섯 개의 플라톤 입체

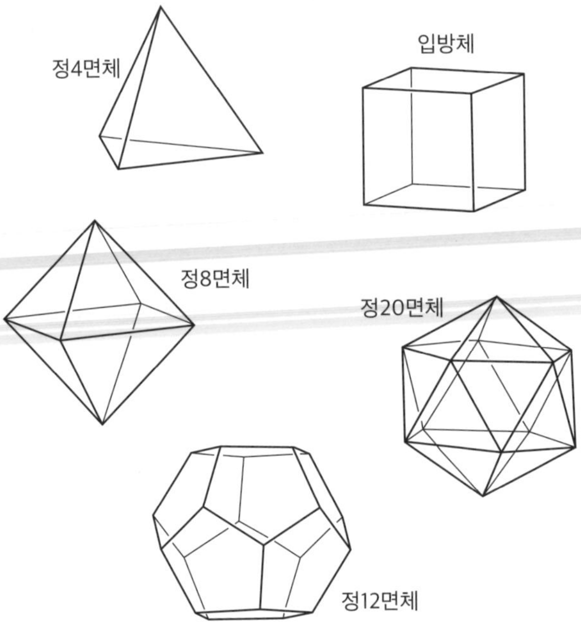

플라톤 입체라고도 불리는 이들 정다면체는 한 종류의 정다각형만으로 구성되어 있다(그림 10). 2차원의 정다각형은 무한히 존재하지만, 3차원의 정다면체는 오직 다섯 종류밖에 존재하지 않는다. 덧붙여서 말하자면 4차원 이상의 공간에서 정다면체에 상당하는 존재를 「다포체」라고 부른다.

플라톤과 마찬가지로 16세기의 천문학자 요하네스 케플러도 3차원 우주에서 기하학을 찾아내려고 했다. 그는 당시 알려져 있던 태양계의 여섯 혹성의 궤도가 갖는 기하학적 법칙을 관찰하고, 구와 다섯 종류의 정다면체를 상자 모양으로 조합하여 여섯 혹성의 궤도를 표현했다(그림 11). 후에 케플러는 일부의 관측데이터에 오류를 발견하여 정다면체 모델을 버리고, 새로이 타원궤도를 이용하여 3차원의 우주모델을 만들었다.

그림 11 케플러의 혹성계의 기하학적 모델

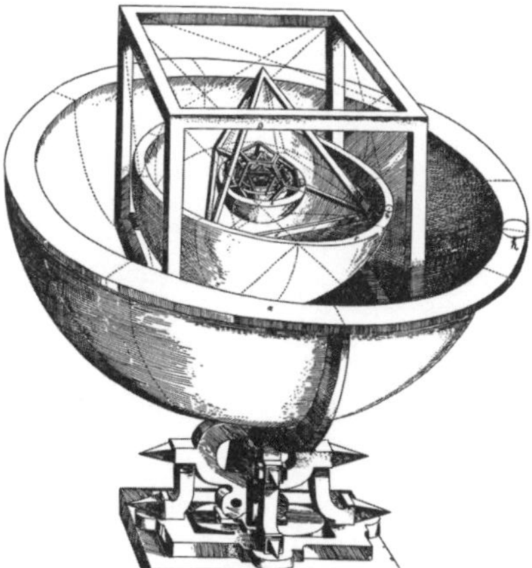

CHAPTER

4

3차원에서 4차원 시공간으로

3차원 공간을 넘는 세계는 우리들의 현실감각으로는 미지의 영역이다. 3차원 공간과 4차원 시공간은 무엇이 다른가? 시간은 어떻게 하면 공간이 갖는 성질의 하나가 될 수 있을까? 아인슈타인의 상대성이론이나 리만 기하학이 예언하는 공간의 기묘한 성질을 고찰한다.

수학자와 물리학자에게 '새로운 차원'

우리들은 일상생활의 모든 것을 3차원 공간에서 끝낼 수가 있다. 그러므로 3차원의 세계에 여분의 차원을 보탠다는 건 무의미한 것처럼 생각된다. 그러한 차원은 인간의 실제 경험의 범위를 넘는 것이고, 무엇인가 유령처럼 느껴진다.

그러면 도대체 누가 4차원 이상 여분의 차원(잉여차원)을 필요로 하는 것일까?

바로 수학자나 물리수학이나 우주론을 연구하고 있는 사람들이다. 이들은 19세기 말 이후, 모든 물리적인 '장(field)'과 '힘(force)'을 통일하

그림 1 잉여차원

우리가 알고 있는 3차원 공간을 넘는 '잉여차원'은 어떻게 나타나는 것일까?
(일러스트: Michael Carroll/Yazawa Science Office)

는 소위 세계 공식—현재「대통일이론」,「만물의 이론」 또는「궁극의 이론」 등으로 불리는 것—을 찾고 있고, 그런 연구의 과정에서는 이러한 차원의 존재를 피할 수 없는 것이다.

우리들은 4차원이라 하면 주저하지 않고, 아인슈타인의 특수상대성이론과 일반상대성이론에 가지고 들어온 시간차원을 생각해 낸다. 즉, 이 세계는 공간의 3차원에 시간이라는 1차원을 더한 4차원 공간(별명을「시공간(space-time)」,「민코스키 공간」 또는「4차원 다양체」라고도 부른다)이라는 것이다.

그러나 이것은 소위 20세기 초에 급속하게 발전한 물리학이 만들어 낸 새로운 4차원이고, 이제까지 봐온 기하학에서 말하는 차원과는 크게 다르다.

민코스키나 아인슈타인보다 대략 1세기 전인 1827년에 보통의 4차원, 즉 유클리드 기하학에서 말하는 제4의 차원의 존재를 지적한 사람이 있었다. '뫼비우스 띠'로 알려져 있는 독일의 수학자 아우구스트 페르디난트 뫼비우스(사진 1)이다.

뫼비우스는 3차원의 물체를 거울에 비출 때 거울 속에서 역전한 거울상(mirror image)을 회전시키면 제4의 차원이 나타나는 것으로부터 눈치를 챘다.

이를 계기로 1853년에는, 스위스의 기하학자 루트비히 슐레플리(사진 2)가 3차원 이상의 다차원 개념에 대하여 논문을 써서 빈 학회지에 보냈는데, 그 논문이 너무나 길어서 게재를 거절당했다. 그래서 다시 슐레플리는 베를린의 학회지에 보냈는데, 이번에는 짧게 논문을 압축하면 게재를 하겠다고 회답이 왔다. 그렇지만 그는 이 제안을 거절했다.

결국 이 논문이 그대로 모양을 갖추어 발표된 것은 이런 해프닝으로부터 반세기나 지난 1901년이었다. 그러나 그는 수년 전, 이미 81세의 나이로 세상을 떠난 뒤였다.

이러한 일이 있어서 슐레플리의 이름이 그 후 세계에 알려지질 못했고 수학의 역사에 있어서 그는 고차원, 즉 4차원 이상의 다면체의 개념의 문자 그대로 핵심 인물의 한 사람이 되었다.

슐레플리는 스스로가 발견한 이 다면체를 독일어로 '폴리심'이라고 이름을 지었다. 그러나 이것은 그 후의 기하학 세계에서는 현재에 이르기까지 영어식으로 '폴리토프(polytope)'라는 이름으로 알려지게 되었다.

사진 1 아우구스트 페르디난트 뫼비우스 (August Ferdinand Möbius, 1790~1868년)

「뫼비우스의 띠」로 알려진 뫼비우스는 가우스의 제자로 토폴로지(위상기하학)나 무게중심산법 등 기하학의 발전에 공헌하였고 천문학 저서도 남아있다. 후에 라이프치히 천문대 대장을 역임했다.

사진 2 루트비히 슐레플리(Ludwig Schläfli, 1814~1895)

리만과 나란히 고차원의 개념을 구축한 수학자의 한 사람. 그의 생각은 수학이나 물리 세계에서 널리 받아들여지고 있지만, 그의 이름은 수학자들 사이에서도 그다지 알려지지 않았다.

폴리토프란 2차원의 다각형 '폴리곤(polygon)'이나 3차원의 다면체 '폴리헤드론(polyhedron)'으로부터 유클리드 기하학에 의하여 유추했을 때 생기는 고차원의 다각형을 부르는 이름이고 '다포체'라고도 한다(다포체는 4차원의 폴리토프만 가리키기도 한다. 그림 2).

이러한 견해의 연장상에서 2차원의 폴리곤 및 3차원의 폴리헤드론 이상의 차원을 부르는 경우, 4차원은 폴리코론, 5차원은 폴리테론, 6차원은 폴리페톤, 7차원은 폴리에크손으로 계속된다.

무엇보다 이 그럴싸한 이름은 반드시 수학자나 기하학자들 사이에

그림 2 4차원의 다포체

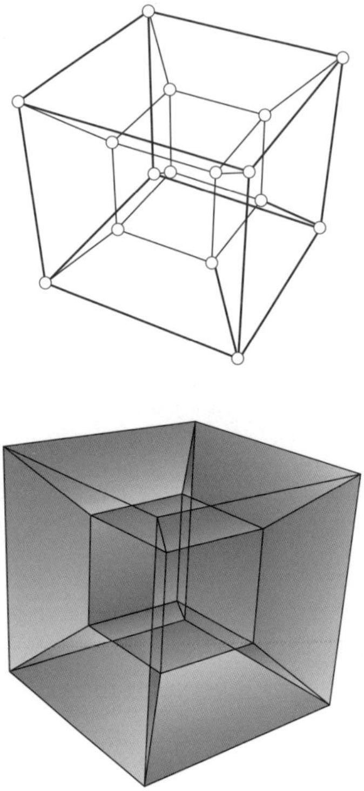

4차원의 다포체(폴리코론)의 하나인 「정8포체」. 이 그림에서는 각 변의 길이와 각도는 비뚤어져 보이지만 실제는 모든 변의 길이는 같고 각도는 직각이며, 입방체 여덟 개로 만들어진다. 각 꼭짓점에는 세 개의 입방체(포체)가 모여 있다.

서 일반화되어 있는 것은 아니다. 그렇다 하더라도 고대 그리스어를 조합한 합성어인 이것들은 「Birds Came First 가설(별명 BCF)」, 즉 "공룡보다 새가 먼저 진화했다"라는 가설로 유명한 미국의 아마추어 고고학자이며 과학 저널리스트인 조지 올셰프스키(George Olshevsky)의 비교적 최근의 명명이기 때문이다.

리만의 '굽은 공간'의 등장

고차원에 대한 이러한 초기의 연구는 슐레플리가 논문을 쓴 해의 다음 해인 1854년, 19세기를 대표하는 독일의 수학자 베른하르트 리만(51쪽 사진 2)에 의하여 견고한 수학적 기초를 손에 넣게 된다.

수학자에게 있어 차원의 수가 얼마이든 간에 아무런 문제가 되지 않는다. 그리고 수학계의 위대한 영웅이 될 운명을 짊어지고 있던 리만이, 여러 가지 일의 수학적 견해를 눈에 보이는 3차원 공간이라는 감옥으로부터 해방시키게 되었다.

이때 겨우 20세의 가난한 청년이었던 리만은, 교수자격을 얻기 위해 「기하학의 기초를 이루는 가설」이라고 제목을 붙인 강연을 했다. 그곳의 청중들은 수학자와 물리학자들이었고, 리만은 스스로 「비유클리드 n차원 다양체」라고 이름을 붙인 아이디어를 명확한 방법으로서가 아닌 하나의 생각으로서 발표했다. 그렇지만 이것이 나중의 물리학과 우주이론에 대하여 당치도 않게 큰 영향력을 미치게 된다.

아울러 리만이 말하는 '비유클리드'란 「이 아이디어는 곡률이 0인, 즉 굽지 않은 공간에 대한 유클리드 기하학이 아니다」라는 의미이다. 결국 n차원 다양체(일반적으로 리만 다양체라든가 리만 기하학이라고 부른다)에서는 굽은 공간을 취급할 수가 있다. 유클리드 기하학에 의한 공간은 이 개념 속에 곡률이 0인 지극히 특수한 공간으로 포함되어 있다.

그리고 리만이 n차원 다양체의 개념을 발표하고 약 반세기 후, 이 아이디어를 바탕으로 알베르트 아인슈타인(사진 3)이 20세기의 물리학을 상징하는 「일반상대성이론」(칼럼 ②)을 발표하였다.

사진 3 알베르트 아인슈타인(Albert Einstein, 1880~1952)

특수상대성이론과 일반상대성이론을 수립하고, 중력이론을 정식화하는 등 근대과학에 변혁을 일으킨 천재과학자. 처음으로 물리학에 새로운 차원을 가지고 왔다.

(사진: AIP/Yazawa Science Office)

수학자와 물리학자의 입장 차이

아인슈타인을 포함한 물리학자들이 n차원 다양체라는 수학적(기하학적)인 개념을 취급하는 것은 쉽지는 않다. 물론 물리학자는 많은 수학을 사용한다. 수학 없이 물리학은 있을 수 없기 때문이다.

수학을 사용하면 현실세계를 모델화하는, 즉 수학적 모형으로 만듦으로써 이 세계를 단순하게 표현할 수가 있다. 모델의 대상은 작게는 아주 작은 입자로부터 크게는 전 우주까지 걸쳐, 그것들을 생각할 수 있는 기원과 일어날 수 있는 미래를 이론적으로 예측하는 것도 가능하게 된다.

수학모델 그 자체로는 모순이 없는 완벽한 것을 만들 수 있을지도 모른다. 그렇지만 이것이 반드시 수학모델이 "옳다"라는 의미는 아니다. 수학모델은 실제 세계를 적절히 설명하지 못할 가능성도 있다.

그러므로 물리학자는 언제든 '자기가 만든 수학모델 속에 어떤 물리적인 현실이 있을까?'를 스스로 묻지 않으면 안 된다. 그리고 그에게 있어서는 자기가 구축한 모델이 현실세계와 일치하는지 혹은 어떠한지를 확인하기 위한 실험을 생각해낼지가 가장 중요한 과제가 된다.

예를 들어 물리학자는 중력과 전자기력을 '통일'하는(=공통의 법칙으로 설명하는) 과제를 눈앞에 마주했을 때, 그것을 완수하기 위하여 미지의 새로운 차원을 가져올 필요에 부닥칠지도 모른다. 이 경우 우선 수학자가 많은 차원을 마술처럼 조작할 수 있다면, 그것은 물리학자에게도 좋은 기회이고 유익할 것이다.

실제로 수학자는 차원이 얼마이든 생각하는 대로 취급할 수가 있다. 10차원, 100차원, 무한차원이든 상관없다. 그렇지만 물리학자는 그럴 수 없다. 오래된 이론에 새로운 차원을 가져와 새로운 우주상을 그려내려고 하면, 그 새로운 차원에 물리적인 의미를 찾아내야 하기 때문이다.

이러한 것도 물리학자에게는 '그 차원은 눈으로 볼 수 있는가, 만일 그렇지 않다면 왜 그런가?', '그것은 우리가 지금까지 이해하고 있는 것과 어떤 관계에 있는가?', '그것은 이미 알고 있는 힘과 장 혹은 물질과

에너지에 대하여 어떤 영향을 미치는 것인가?'라는 의문이 붙어 다니기 때문이다.

더욱이 거기에는 항상 '이미 알려져 있는 차원을 넘은 차원이 존재한다는 것을 어떻게 하면 증명 또는 반증할 수 있는가?'라는 의문에 답할 필요도 항상 따라다니고 있다.

우주의 3차원 공간은 평탄한가?

앞서 이야기한 굽은 공간에 대한 리만의 기하학을 다시 살펴보면, 그가 이 새로운 아이디어를 발표함으로써 우리 인간이 직감적으로 이해할 수 있는 3차원적인 시각공간의 한계를 넘는 세계로 다른 수학자들을 이끌게 되었다. 더욱이 아인슈타인이 상대성이론의 개념을 발표하면서 기존에 이해하고 있던 공간과 시간의 경계를 넘는 세계로 다른 물리학자들을 이끌었다. 아인슈타인은 물리학에 일찍이 누구도 생각한 바가 없었던 새로운 차원을 가지고 온 것이다.

그렇다 하더라도 아인슈타인이 새로운 차원, 즉 '시간'을 새롭게 만들어 낸 것은 아니다. 시간은 우주탄생 이래 줄곧 존재했던 것이고, 이전까지 천문학자와 물리학자들이 천체의 공전주기와 시계 등의 기술적 수단을 사용하여 시간이 나아가는 빠르기를 측정해 왔다.

또 과학자도, 일반인도 새로운 차원에 당혹해 할 필요는 없었다. 이미 수 세기에 걸쳐 아이작 뉴턴(72쪽 그림 3)에 의한 「절대공간」과 「절대시간」이라는 개념이 정착되었기 때문이다.

앞장에서 본 것처럼 뉴턴은 1687년에 출판한 저서 『프린키피아』(그림 3)에서 이렇게 말하고 있다.

「절대공간은 본질적으로 어떤 외부적 사물과도 관계없이 존재하고, 항상 불변부동이다.」

결국 공간은 우주 어디에서도 같고, 그 안팎에 존재하는 물체와 물리적 사항에 의하여 변화하지 않는다. 그곳은 보편적 내지 불변의 '무대'이고, 그 무대에 물체와 사건이 나타나 각각 고유한 역할을 한다는 것이다.

그림 3 『프린키피아』의 표지

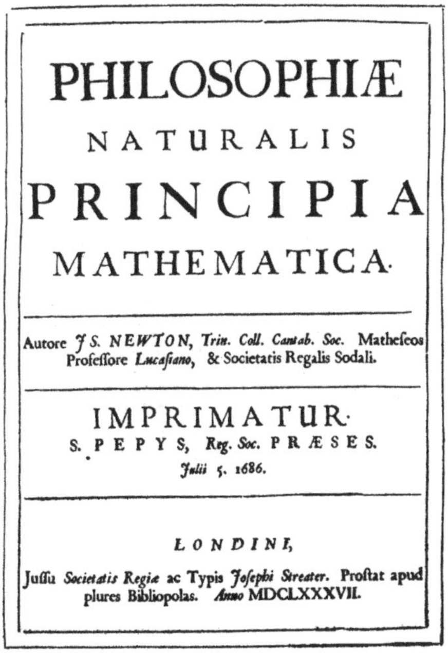
PHILOSOPHIÆ
NATURALIS
PRINCIPIA
MATHEMATICA.

Autore *J S.* NEWTON, *Trin. Coll. Cantab. Soc.* Mathefeos Profeffore *Lucafiano*, & Societatis Regalis Sodali.

IMPRIMATUR.
S. PEPYS, *Reg. Soc.* PRÆSES.
Julii 5. 1686.

LONDINI,

Juffu *Societatis Regiæ* ac Typis *Jofephi Streater*. Proftat apud plures Bibliopolas. *Anno* MDCLXXXVII.

1686년 뉴턴은 고전역학(뉴턴역학)의 집대성으로서 『Philosophiae Naturalis Principia Mathematica(자연철학의 수학적 재 원리)』, 일반적으로 『프린키피아』라고 부르는 대저작을 완성시켰다.

시간도 마찬가지다. 「절대적이고 진정한 수학적 시간은 외적 사물과 관계없이, 따라서 어떤 관측자로부터 보더라도 한 가지로 흐른다」라고 뉴턴은 주장했다. 시간은 우주 어디에서든, 또 언제나 같은 빠르기로 나아간다는 것이다.

뉴턴에 의한 이 정의를 들은 독자는, 그리스 신화에 등장하는 시간의 신 크로노스(사진 4)가 세상 위에 허리를 내리고, 언제나 어디서나 같은 속도로 재깍재깍 움직이고 있는 시계를 돌봐주고 있는 모습을 상상할지도 모른다.

사진 4 시간의 신 크로노스

천사처럼 날개를 가진 크로노스는 흐르는 시간을 지배한다.

그렇지만 그때부터 220년 정도 뒤인 1905년, 아인슈타인은 뉴턴의 시간과 공간에 대한 이러한 정적인 개념에 종지부를 찍었다. 특수상대성이론을 정리한 유명한 논문으로 공간과 시간에 대한 새로운 견해를 발표한 것이다.

시간과 길이가 늘어나거나 줄어드는 우주

그 논문에 의하면 시간은 이제 와서는 일정한 속도로는 흐르지 않는다. 운동하고 있는 관측자의 시간은 정지하고 있는 관측자의 시간보다 천천히 흐른다는 것이다. 이때 물체의 길이도 마찬가지로 변화한다. 고속으로 운동하고 있는 물체는 관측자로부터 보면 운동방향으로 움츠러든다는 것이다(그림 4).

이러한 현상은 「시간의 지연」 및 「길이의 수축」이라고 부르는 것으로, 우리가 일상생활에서 그 모습을 실제로 보는 것은 불가능하다. 그것은 초고속의 운동, 그것도 매초 30만 km의 빛의 속도에 가까울 정도로 당치도 않는 속도(=아광속)일 때만 일어나는 현상이다.

20세기의 SF작가들은 이 흥미로운 시간의 지체 현상을 작품에 즐겨 사용했다. 예를 들어 우주비행사가 아광속으로 날으는 우주선을 타고 지구를 출발하면 도중에 '시간의 지연'이 생긴다. 이 임무로부터 지구로 귀환한 우주비행사는 출발했을 때에 비해 그다지 나이를 먹지 않는다. 그렇지만 그가 10년 전이나 20년 전 출발할 때 지구에 남은 가족이나 친구는 그 시간만큼 나이를 먹고, 다시 만났을 때 서로의 모습에

그림 4 운동방향으로 축소되는 물체

물체의 운동속도가 빛의 속도에 가까워짐으로써 손에 있는 시계의 시간이 늦어지고, 키가 줄어들며 체중(질량)이 증가한다. (그림: Yazawa Science Office)

깜짝 놀라게 된다(그림 5).

그리고 우주선의 속도가 점점 빛의 속도에 가까워질수록 빨라지면 시간의 지연은 가장 크게 된다. 예를 들면 1년간 우주여행을 하고 돌아온 것이 지구상에서는 수십 년이 지나간 셈이 된다.

민코스키와 아인슈타인의 「시공간」

1864년에 러시아에서 태어나 독일로 이주한 유태계 수학자 헤르만 민코스키(사진 5)는 아인슈타인의 스승 중 한 사람이었다. 그는 또 아인슈

그림 5 나이를 먹지 않는 우주비행사

아광속으로 우주를 여행한 우주비행사는 나이를 거의 먹지 않고, 지구에 있는 그의 가족은 나이가 든다. (일러스트: 키하라(木原康彦)/Yazawa Science Office)

사진 5 헤르만 민코스키(Hermann Minkowski, 1864~1909년)

민코스키는 파리 과학아카데미의 현상금 문제(1882년)로 대상을 받은 것으로부터 수학연구를 시작해, 정수론 등에서 업적을 남겼다. 그렇지만 1909년, 충수염으로 44살에 세상을 떠났다.

타인의 시간과 공간을 다시 정의하고, 즉 「시공간」의 개념을 세계에서 처음으로 논한 과학자이기도 했다.

민코스키는 시공간의 개념을 고심해서 만들었다(그림 6). 그리고 1908년, 아인슈타인이 3년 전에 제창한 특수상대성이론에 대하여 후에 아주 유명하게 되는 강의를 하고, 스스로의 성과를 발표했다. 민코스키는 강의 마지막에 약간 시적인 표현을 쓰면서 이렇게 말했다.

"지금부터 공간 또는 시간 그 자체라는 개념은 그림자 속으로 사라지게 될 것이다. 그리고 그 둘을 결합시키는 것만이 독립성을 유지하게 될 것이다."(그림 7)

그림 6 민코스키의 시공간

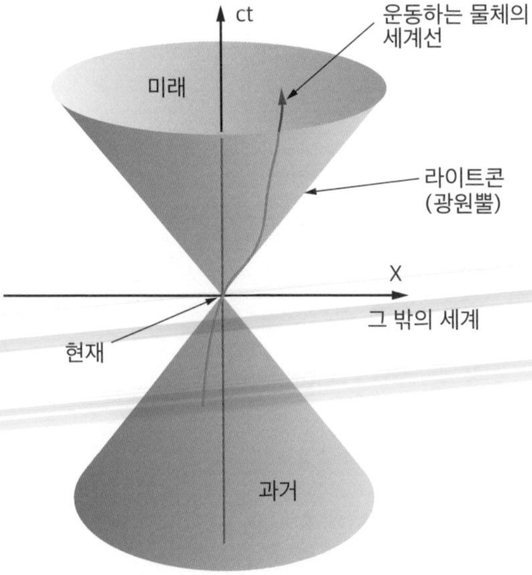

민코스키는 공간과 시간을 하나로 한 시공간을 빛의 속도를 기준으로 한 '광원뿔'로 생각했다. 과거와 미래를 나타내는 원뿔의 접하는 부분이 현재. 이것은 상대성이론을 기하학을 사용하여 논했기 때문에 상대성이론이 세상에 널리 알려지게 된 원동력이 되었다.

그림 7 시공간을 나아가는 물체

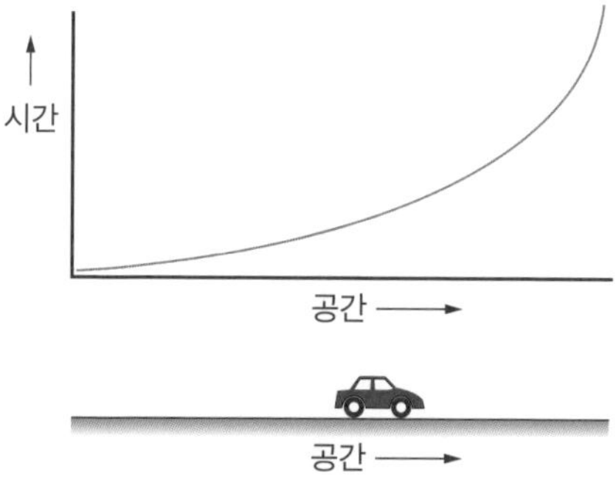

속도가 일정한 자동차는 공간과 시간 어느 것이든 직선적으로 나아가지만, 속도를 줄이면서 나아가는 자동차는 공간에서는 직선적으로, 시공간에서는 곡선을 그리며 전진한다. (자료: Lee Smolin, The Trouble with Physics (2007))

아인슈타인이 공간과 시간의 새로운 견해를 발전시킨 것은, 그가 스위스 특허청의 '기술직 3급'으로 근무하고 있었던 무렵이었다(사진 6). 당시 아인슈타인에게는 학위나 교수직도 없었으며 과학적인 공적도 없었다. 그러나 그는 지극히 생산적이고 창조적인 사람이었다.

그리고 1905년, 그의 전기 작가 중 한 사람의 표현을 빌리면 "천재의 폭발"이 일어났다. 그해 아인슈타인은 4개의 주제에 관하여 독창적인 논문을 잇달아서 발표했다. 그중의 하나가 특수상대성이론(그림 8, 칼럼 ②)에 대한 것이었다.

이렇게 해서 교수직을 받게 된 아인슈타인은 10년 동안 일반상대성이론 연구에 몰두했다. 그는 중력과 시공간과의 사이에 어떠한 상호작용이 있는지에 초점을 맞추고 있었다.

아인슈타인이 등장하기까지 이 세상에는 뉴턴이 정의한 것처럼 항상 두 개의 성질의 것이 동시 병행적으로 존재하고 있었다. 한 개는 공

사진 6 26세의 아인슈타인 모습

(사진: NASA/GSFC)

간 속에 존재하는 사물이고, 다른 하나는 공간 그 자체이다. 시공간에 대한 아인슈타인의 초기 설명은 반드시 이러한 견해를 부정하지는 않았다.

그렇지만 그 후 뉴턴의 시간과 공간에 대한 정적인 견해를 대신하여, 시공간은 다이내믹(동적)한 장으로 취급하게 되었다. 그것은 전과 다름없이 그 속에서 여러 가지 일이 일어나고 있는 영역에서는 있었던 거지만, 일반상대성이론(칼럼 ②)이 등장하는 곳과 같은 견해는 바로 변하게 되었다(그림 9, 10).

그림 8 「특수상대성이론」의 논문

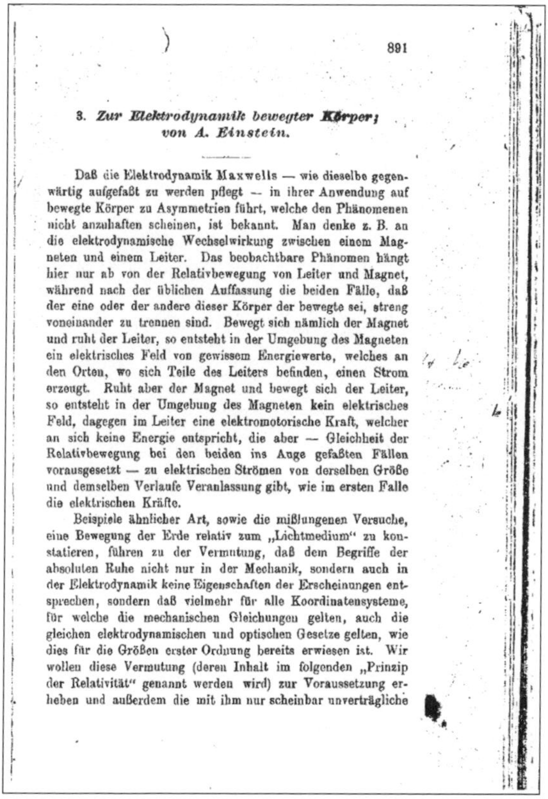

891

3\. *Zur Elektrodynamik bewegter Körper;*
von A. Einstein.

Daß die Elektrodynamik Maxwells — wie dieselbe gegenwärtig aufgefaßt zu werden pflegt — in ihrer Anwendung auf bewegte Körper zu Asymmetrien führt, welche den Phänomenen nicht anzuhaften scheinen, ist bekannt. Man denke z. B. an die elektrodynamische Wechselwirkung zwischen einem Magneten und einem Leiter. Das beobachtbare Phänomen hängt hier nur ab von der Relativbewegung von Leiter und Magnet, während nach der üblichen Auffassung die beiden Fälle, daß der eine oder der andere dieser Körper der bewegte sei, streng voneinander zu trennen sind. Bewegt sich nämlich der Magnet und ruht der Leiter, so entsteht in der Umgebung des Magneten ein elektrisches Feld von gewissem Energiewerte, welches an den Orten, wo sich Teile des Leiters befinden, einen Strom erzeugt. Ruht aber der Magnet und bewegt sich der Leiter, so entsteht in der Umgebung des Magneten kein elektrisches Feld, dagegen im Leiter eine elektromotorische Kraft, welcher an sich keine Energie entspricht, die aber — Gleichheit der Relativbewegung bei den beiden ins Auge gefaßten Fällen vorausgesetzt — zu elektrischen Strömen von derselben Größe und demselben Verlaufe Veranlassung gibt, wie im ersten Falle die elektrischen Kräfte.

Beispiele ähnlicher Art, sowie die mißlungenen Versuche, eine Bewegung der Erde relativ zum „Lichtmedium" zu konstatieren, führen zu der Vermutung, daß dem Begriffe der absoluten Ruhe nicht nur in der Mechanik, sondern auch in der Elektrodynamik keine Eigenschaften der Erscheinungen entsprechen, sondern daß vielmehr für alle Koordinatensysteme, für welche die mechanischen Gleichungen gelten, auch die gleichen elektrodynamischen und optischen Gesetze gelten, wie dies für die Größen erster Ordnung bereits erwiesen ist. Wir wollen diese Vermutung (deren Inhalt im folgenden „Prinzip der Relativität" genannt werden wird) zur Voraussetzung erheben und außerdem die mit ihm nur scheinbar unverträgliche

아인슈타인은 특허청 직원이었던 1905년경(사진 6) 네 편의 논문을 제출했지만, 그중 하나가 일반상대성이론의 기초가 되는 특수상대성이론(「운동하는 물체의 전기역학에 대하여」)이었다.

(자료: A. Einstein, Annalen der Physik, vol.17(1905)891~921)

잉여차원이라는 "마법의 지팡이"

그때까지 중력은 시공간 속에서 힘의 장으로 행동하고 있다고 생각했지만, 아인슈타인은 공간의 모양을 바꾸는 것이 중력이라고 했다. 물질이

그림 9 뉴턴의 고정된 공간

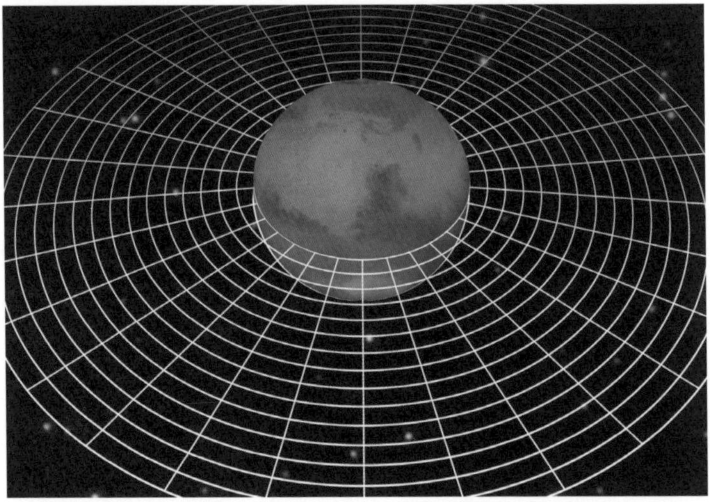

17세기에 뉴턴이 그린 우주공간은 균일하고 불변부동이고(절대공간), 시간도 항상 균일하게 흐르는 것이었다(절대시간).

그림 10 아인슈타인의 굽은 시공간

아인슈타인은 그때까지의 시간과 공간의 생각을 뒤집어 공간은 물질이나 에너지에 의하여 항상 바뀌고, 또 시간은 관측자에 의하여 다른 속도로 흐르고 있다고 했다. (자료: NASA)

존재하는 것에 의해 시공간의 기하학적 구조가 변한다는 것이다.

거기에서 공간은 이미 단조 내지 평탄한 것이 아니다. 공간은 물질에 의하여 굽어지고 변형한다. 다른 쪽에서 보면 공간의 모양이 시공간 속 물질의 운동을 결정한다는 것이다.

이것을 극장의 무대에 견주어 생각해 보자. 뉴턴의 무대는 단단한 나무로 만들어진 평탄한 마루이다. 이 무대에서는 배우가 격하게 춤을 추거나 걸어 다녀도 부서지지 않고, 어느 배우가 봐도 무대는 똑같이 보이고 실제로도 같은 것이다. 또 배우의 키와 몸집이나 체중의 차이가 무대에 영향을 주지도 않는다. 마루는 항상 절대존재로서의 무대이다.

다음에 아인슈타인의 무대를 상상해 보자. 이 마루는 뉴턴의 무대 마루처럼 단단하지 않고 신축성이 좋다. 배우가 없을 때는 무대가 평탄하지만, 배우가 무대에 오르면 무대는 가라앉는다. 무대는 배우의 체중에 의해서 원뿔모양으로 움푹 들어가 버린다. 다른 배우도 무대를 움푹 들어가게 하지만, 들어간 깊이나 크기는 각각 다른 모양으로 배우의 체중(질량)에 따라 바뀐다. 더욱이 이 무대는 배우의 움직임에 따라 바뀌고, 배우의 운동에 따라 움푹 들어가는 위치도 변하므로 배우는 똑바로 걷거나 뛰는 게 불가능하고, 무대 위에서 움직이는 것이 어렵다는 것을 안다.

민코스키에 의하면 이 무대는 앞서 예시한 리만의 비유클리드 다양체를 4차원 시공간으로 바꾸어 옮긴 것, 즉 굽은 공간 그 자체이다. 여기서는 다양체에 의하여 공간과 시간이 하나의 틀 속에서 결합하고 있는(이론에 의하여 통일되어 있는) 것이다.

세 개의 공간차원과 하나의 시간차원으로 구성되어 있는 이 민코스키 다양체는 뉴턴이 말하는 공간 및 시간과 어디까지 다른 것일까?—

그것은 어디까지라기 보다는 전혀 다른 것이다. 그렇다 하더라도 뉴턴의 세계에서는 앞에서 이야기한 것처럼 공간과 시간은 엄밀하게 구별되고, 서로 독립한 관계에 있기 때문이다.

시공간의 개념은 단순히 우주를 바라보는 새로운 견해—아인슈타인이 거기에서 도출해낸 상대성이론처럼—를 나타내는 것만은 아니다. 이 시간차원의 도입 및 공간과 시간의 결합에 의하여 태어난 다양체처럼 물리학자는 그때까지 수많은 물리학의 이론을 단순화할 수가 있다.

새로운 차원, 즉 잉여차원을 하나 더하면 시공간의 경우처럼 저차원에서는 풀기가 어려웠던 문제가 종종 풀리게 되었다. 다시 말해 잉여차원은 '마법의 지팡이'가 될 수 있다는 것이다.

미국에서 잘 알려진 일본계 3세의 물리학자로 뉴욕시립대학교수인 미치오 카쿠는, 그의 저서 『Parallel Worlds』에서 많은 이론물리학자는 새로운 차원을 더함으로써 자연의 법칙을 단순화할 수 있다라는 확신이 있다고 쓰고 있다. 그리고 시공간의 문제 외에도 새로운 차원을 더함으로써 자연법칙을 실제로 단순화할 수 있는지 어떤지를 나중에 봐야 한다.

아득히 먼 '궁극의 이론'을 향하여

이론물리학자와 우주론 학자가 궁극적으로 지향하는—그것은 장과 힘, 거기에 물질을 단 하나의 틀 속에서 통일하는 것이다.

아인슈타인은 인생의 후반에 실로 30년간을 이 목표, 결국 통일장이론의 실현을 위하여 쏟았다. 그렇지만 그의 노력의 대부분은 거의 아무런 성과도 얻지 못하고 끝났다.

1955년에 그가 세상을 떠나고 20년 후인 1970년대 후반, 소립자 물리학자들은 이 목표에 가까이 도달하기 위해서 몇 가지 형식의 다른 이론—「대통일이론(Grand Unified Theory: GUT)」이라고 부르는(그림 11)—을 제안했다. 이들 이론은 '대칭성' 및 '초대칭성'(180쪽 칼럼 ② 참

그림 11 대통일이론

네 개의 힘

전자기력: 플러스 또는 마이너스의 전하를 갖는 물질입자 사이에서 인력 또는 척력으로써 작용하는 힘

강한 힘: 원자핵의 내부에서 작용하는 힘. 쿼크와 글루온을 통합하여 양자나 중성자 등을 만든다.

약한 힘: 물질이 전자를 방출하여 다른 물질로 바뀌는 베타붕괴를 지배하는 힘

중력: 물질끼리를 질량에 비례하여 서로 끌어당기는 힘

이론물리학자는 지금 대통일이론을 목표로 하고 있지만, 그 앞에 와야 할 '궁극이론'에는 잉여차원이 불가결하다.

(그림: Yazawa Science Office)

조)이라고 부르는 개념을 사용하여 전자기력과 약한 힘, 거기에 강한 힘을 통일했다.

그렇지만 이 통일은 극히 높은 에너지 상태(약 10^{24} 전자볼트 = 1조× 1조 전자볼트)에서만 성립하는 것이었다. 일반적으로 고에너지 상태를 만드는 데는 전자와 양자 등의 입자를 아주 고속으로 가속해서 충돌시키는 입자가속기를 쓰지만, 이러한 초고에너지를 낳게 하는 입자가속기는 어디에도 없다.

현재 세계 각국에 있는 여러 가지 가속기 중에서도 가장 강력한 유럽 원자핵연구기구의 「LHC(Large Hadron Collider: 대형 하드론 충돌형가속기의 약자)」는 양자끼리를 14조 전자볼트의 에너지로 충돌시킬 수가 있다(179쪽 칼럼 ① 참조). 그러나 대통일이론이 옳은지 어떤지를 실험에 의해 확인하려면 필요한 에너지의 10억 분의 1 이하로 밖에 할 수 없다.

유일한 희망은 간접적인 관측—예를 들면 양자가 붕괴하는 현상을 관측으로 확인한다고 말한 것이다. 그러나 지금까지 이들 현상을 관측하려고 하는 모든 시도가 잘 진행되지 못하고 있다. 양자붕괴의 관측에 대해서 말하자면, 양자의 이론상 반감기(약 10^{33}년 = 1조× 1조× 10억 년)는 현재의 우주나이인 약 140억 년보다 당치도 않게 길고, 양자는 사실상 영원불멸의 존재이다. 이들 수치가 진실이라면 관측이 제대로 되지 않는 것은 이상하지 않다.

그럼에도 불구하고 물리학자들의 야심은 대통일이론으로 끝나지 않는다. 궁극적인 목표는 대통일이론으로 통일된 세 개의 상호작용(전자기력, 약한 힘, 강한 힘)을 더욱 중력과 통일하는 것이기 때문이다. 네 개의 힘을 모두 통일하려는 이러한 시도가 구하는 것은 '궁극이론'이든지

'Theory of Everything: TOE' 등으로 불리고 있다.

뒤에서 다시 언급하겠지만, 이러한 도전 가운데 궁극이론을 이해하는 발판이 되는 이론 중 하나로는 「끈 이론」이 있다.

빛의 진로는 중력장 속에서는 굽는다

이론적인 통일을 지향하는 이러한 상황과 동시에 여러 가지 물리현상을 하나의 이론체계로 통합해 가려는 움직임도 계속 되어 왔다.

그 프로세스를 반복해서 보면, 우선 19세기 영국의 물리학자 맥스웰(사진 7)이 전기와 자기 그리고 빛 이론을 단 한 개의 포괄적인 이론, 즉 전자기학으로 통합했다. 앞서 이야기했듯이 아인슈타인이 공간과 시간을 특수상대성이론 속에서 통일하고, 그 결과로서 4차원 시공간의 개념을 탄생시켰다.

아인슈타인이 다음에 지향한 것은 가속도와 중력의 통일이었다. 이는 '사람이 지붕에서 떨어질 때 어떤 느낌이 드는가'라는 자문으로부터 시작했다고 그는 나중에 이야기했다. 그때 그는 '사람은 중력을 느끼지 않는다'라고 대답했다. 올라가고 있는 승강기가 정지할 때 안에 있는 사람이 순간 경험하는 무중력 느낌같은 것이다(최근 승강기는 아주 부드럽게 정지하므로 이 느낌을 느끼지 못할 수도 있다).

아인슈타인은 이때의 통찰을 '내 인생 최고의 아이디어다'라고 했다. 그리고 소위 '등가원리'(그림 12)를 유도했다.

이 등가원리에 의하면 물체가 가속도운동을 하고 있을 때 생기는

사진 7 제임스 맥스웰(James Clerk Maxwell, 1831~1879)

영국의 물리학자. 마이클 페러디의 장의 개념을 기본으로 전자장의 방정식을 만들어 전자기학이론을 수립, 빛의 전자파이론을 전개했다. 기체분자의 속도분포나 기체의 평균자유행정도 유도했다. (사진: AIP/Yazawa Science Office)

효과와 중력의 효과는 구별할 수가 없다(=등가이다). 그는 이것을 다른 표현으로 '만일 당신과 당신 주변 모두가 자유낙하를 한다면 당신은 중력을 느끼지 않는다'라고 말하고 있다.

등가원리는 기존의 물리학의 이해와는 크게 다른 여러 가지 결론을 파급적으로 이끌어내었다. 예를 들면 지구상의 관측자로부터 봤을 때 멀리 중력장을 가로지르는 빛은 똑바로 전해지지 않는다—즉, 중력장을 통과하는 빛은 호를 그리듯이 굽는다는 것이다.

아인슈타인이 중력장에 있어 빛의 이러한 행동에 대하여 예언한 것

그림 12 등가원리

승강기에서 무중력 감각을 경험하는 것은 중력과 가속도가 일치하기 때문이다. 아인슈타인은 「등가원리」로부터 '시공간의 구부러짐'을 유도했다. (그림: Yazawa Science Office)

은 1911년의 일이다. 그리고 8년 후 영국의 천문학자 아서 에딩턴(사진 8)이 이 예언의 진위를 알아보기 위하여 실험을 했다(그림 13).

에딩턴은 1919년 5월 29일의 계기일식을 관측하기 위하여 아프리카 서해안으로 원정을 갔는데, 이때 달 안쪽에 숨은 태양 주변 가장자리에서 태양의 배후에 있고 지구에서는 보이지 않을 것 같은 별이 내는 빛을 관측했다. 이것은 별의 빛이 태양의 중력장을 통과할 때 진로

사진 8 아서 에딩턴(Arthur Stanley Eddington, 1882~1944)

에딩턴(오른쪽에서 세 번째 사람)은 일반상대성이론의 검증을 하기 위하여 일식관측 원정대를 이끌고 서아프리카, 기니아만의 프린시페 섬으로 향했다. (사진: AIP/Yazawa Science Office)

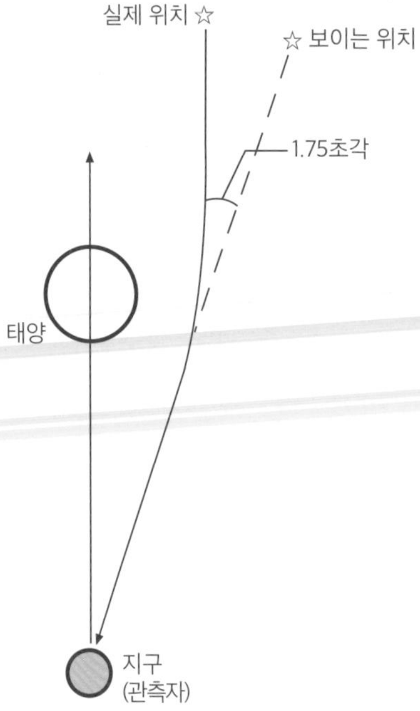

그림 13 에딩턴의 실험

계기일식에 의하여 나타난 별의 위치를 반년 전의 위치와 비교하고, 태양 근처에서 보이는 별로부터 나온 빛이 태양의 중력에 의하여 휜다는 것을 확인했다. 이에 따라 일반상대성이론의 주장 중 하나인 '중력장에 의한 빛의 휨'이 입증되었다.

가 휜다는 것을 나타내고 있다.

등가원리가 옳다는 것은 에딩턴의 이 관측에 의해 입증되었다. 그뿐만 아니라 이 관측 결과는 일반상대성이론에도 확실한 증거가 되었다.

칼럼 1

리만의 n차원 기하학

독일의 수학자 게오르크 베른하르트 리만이 1854년에 행한 강의는 수학 역사에 있어서 아주 중요한 이정표가 되었다. 이것으로 말미암아 2000년 동안 수학 세계를 지배했던 「유클리드 기하학」이 뒤집어지고, 말 그대로 '수학혁명'이 일어났다.

유클리드 기하학에서 도형은 2차원 또는 3차원이고 '평탄한' 즉, 선형 공간 안에서 존재한다. 한편 리만 공간에서는 '굽은 공간'과 다차원 공간 모두 취급할 수가 있다.

리만의 강의가 있고 30년 후, 리만 공간은 '미스터리 같은 4차원'의 아이디어를 활활 타오르게 했다(제2장 참조). 더욱이 30년 뒤에는 아인슈타인이 '4차원 시공간'의 개념을 완성시킨다. 최근에는 끈 이론의 연구자가 물리적 우주의 법칙을 모두 통일시키는 시도에서 리만의 「계량 텐서」를 「슈퍼 개량 텐서」로 발전시키고 있다.

리만 논문의 진수는 유명한 「피타고라스 정리」에서 보는 단순한 기하학적 개념에 있다. 직각삼각형 세 변의 관계를 나타내는 이 정리에 의하면, 삼각형의 짧은 두 변을 각각 제곱해서 더하면 가장 긴 변(빗변)의 제곱과 동일해진다.

이 공식은 쉽게 일반화하여 3차원 공간에 적용할 수가 있다. 입방체에서는 각 변의 제곱의 합은 대각선의 제곱과 같게 된다($a^2 + b^2 + c^2 = d^2$. 그림 14). 그리고 이것은 분명하게 n차원의 '초립체'로 쉽게 확장할 수 있다. 또한 리만은 임의의 n차원 공간은 평탄하거나 굽어있더라도 성립한다는 것을 발견했다.

리만의 목적은 '모든 면에 대한 일반적 기술'을 유도하는 것이었다. 그것이 아무리 복잡하더라도 말이다.

그림 14 입방체 각 변의 길이

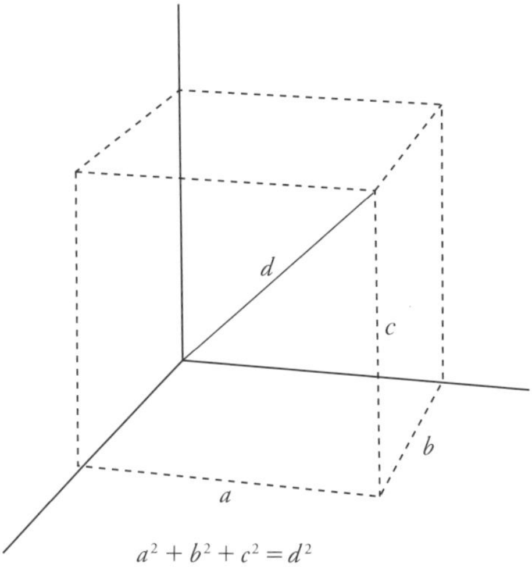

$$a^2 + b^2 + c^2 = d^2$$

입방체 각 변의 길이는 피타고라스 정리의 3차원 버전으로 주어진다. 이 방정식은 n차원의 초립체의 각 변의 길이로 쉽게 일반화할 수 있다. 즉, 고차원은 우리 눈에는 보이지 않지만, 이것을 사용하여 n차원을 수학적으로 나타내는 것은 쉽다.

그러기 위해서 그는 영국의 물리학자인 마이클 페러디에 의한 전자장의 개념을 이용했다. 전자장을 사용하면 공간의 어떤 점에 대해서도 그 점의 전자기력을 나타내는 일련의 수학을 할당할 수가 있다.

그리고 리만은 공간 안의 모든 점을 나타내는 숫자의 쌍을 도입하고, 그것에 의해 공간이 어느 정도 굽었는지를 기술하는 방법을 생각해 냈다. 2차원의 면에서는 각 점을 나타내는 데 3개의 숫자가 필요하다. 그래서 리만은 4차원에서는 각 점에 대하여 10개의 숫자를 사용하면 공간이 어느 정도 굽었는지를 정확하게 나타낼 수 있다는 것을 발견했다.

그림 15 리만의 계량 텐서

$$\begin{pmatrix} g_{11} & g_{12} & g_{13} & g_{14} \\ g_{21} & g_{22} & g_{23} & g_{24} \\ g_{31} & g_{32} & g_{33} & g_{34} \\ g_{41} & g_{42} & g_{43} & g_{44} \end{pmatrix}$$

리만의 계량 텐서는 n차원의 굽은 공간을 수학적으로 기술하기 위한 모든 정보를 포함하고 있다. 4차원에서서는 16개의 숫자가 각 점에 배치되지만, 실제로는 그 가운데 6개는 중복되므로 10개의 숫자로 나타낼 수 있다.

오늘날에는 이 숫자들의 집합을 「리만 계량 텐서」(그림 15)라고 부르고 있다. 초대칭성을 기초로 두는 중력이론인 「초중력이론」에서는 이 단순한 텐서는 슈퍼 계량 텐서로 치환되어 있고, 그것은 얼마되지 않는 10개만이 아니라 수백 개의 요소로 구성되어 있다.

칼럼 2

두 개의 상대성이론

아인슈타인은 두 개의 상대성이론을 발표하고 있다. 하나는 여러 편의 독일어 논문으로 된 「특수상대성이론」(1905년)이고, 또 하나는 10년 정도 뒤에 작성한 역시 여러 편의 독일어로 쓴 논문인 「일반상대성이론」(1915, 1916년)이다.

이들 두 상대성이론(줄여서 상대론이라고 한다)은 자연계 현상의 무엇을 기술하려고 한 것일까?

우선 특수상대성이론은 기본적인 가정으로 다음의 두 가지를 채택하고 있다.

가정 1: 물리법칙은 모든 관성계에서 동일하다.

가정 2: 빛의 속도는 일정하다.

이 가운데 가정 1은 순수하게 이론적으로 생각해 낸 원리(특수상대성원리)이고, 가정 2는 프랑스의 물리학자 아르망 이폴리트 피조가 19세기 중반에 행한 세계 처음으로 빛의 속도의 지상측정실험—이때의 결과는 초속 31만 3000km—등으로부터 끌어낸 것이다.

아인슈타인은 이들 두 가정이 옳다면 시간과 공간은 절대적이지 않고, 관측자에 의하여 결정되는 상대적인 것이라고 주장했다. 그리고 여기서부터는 3개의 결론이 유도된다. 즉, 빛의 속도에 가까운 속도로 나아가는 물체의

① 시간은 느려진다.

② 길이는 짧아진다.

③ 질량은 커진다.

이 특수상대성이론을 중력이나 가속도가 작용하는 실제적인 계까지 확장한 것이 일반상대성이론이다. 일반상대론도 역시 두 개의 가정 하에 만들어진다.

가정 1: 모든 좌표계에서 물리법칙은 동일하다.

가정 2: 중력질량과 관성질량(=가속도)은 동일하다.

전자는 이론에 바탕을 둔 원리(일반상대성원리)이고, 후자는 갈릴레오의 실험—비스듬하게 깐 레일 위를 무게가 다르고 크기가 같은 공을 굴리면 레일 하단에 같이 도달한다—의 결과를 함께 하고 있다(등가원리).

아인슈타인은 이들로부터 아래의 결론 또는 예언을 유도했다. 즉,

① 질량을 갖는 물체 주위의 공간은 굽는다. 즉, 「중력이란 공간의 휨이다」.

② 중력장 속에서 빛은 느려진다.

③ 중력파가 발생한다.

이상의 두 상대성이론은 그 후 여러 가지 방법으로 검증이 이루어져 왔지만, 그럼에도 불구하고 충분하게 정밀하다고는 할 수 없거나 중력파처럼 검증되지 못한 것(중성자별의 질량감소라는 간접적인 검증은 존재한다)도 있다. 그런 의미로 이들 이론은 아직도 완전히 확립되었다고는 할 수 없다.

칼럼 3

시간차원과 공간차원은 어떻게 다른가?

시간은 종종 '제4의 차원'이라고도 한다. 그러나 시간이 1차원, 2차원, 3차원이라는 공간차원에 계속해서 제4의 차원이라는 의미는 아니다. 이것은 물리적인 성질이 변화하는 상태를 측정하는 하나의 기준(파라미터)로서의 차원이다.

우리는 공간의 차원을 시간의 차원을 넘어 여기저기로 자유롭게 이동할 수가 없고, 오직 한 방향인 과거에서 미래로, 그것도 자기 의사와는 관계없이 움직여지기 때문이다. 그러한 특별한 차원으로서의 시간은 하나밖에 없을 것이다.

그러나 이러한 현실세계를 수식으로 나타내고자 할 때, 고전물리학(뉴턴역학)에서는 시간을 우리가 보통 느끼고 있는 것처럼 과거에서 미래로인 한 방향으로 흐르는 것만 취급하고 있다. 그렇다는 것도 고전물리학에서는 시간은 '대칭성'을 가지고 있고, 시간 t를 플러스 t(미래)로 하든 마이너스 t(과거)로 해도 수식에 모순은 생기지 않는다. 거기에는 사물이 과거나 미래로도 함께 나아갈 수가 있다.

이것은 양자역학에 있어서도 기본적으로 같다. 시간이 과거로 향하고 있는지, 미래로 향하고 있는지는 정해져 있지 않은 것이다. 시간의 방향을 정하고 있는 이론은 단 하나, '열역학 제2법칙' 뿐이다.

이 법칙은 '엔트로피는 증대해 간다'라고 예언하고 있다. 엔트로피란 물질이나 열이 확산해서 어디에서나 모두 균일하게 가는 상태이고, 소위 인공적인 조작을 더하지 않고 자연히 생기는 변화이다. 이는 사물은 앞으로만 나아갈 뿐이고, 뒤로 돌아가거나 과거로 돌아갈 수는 결코 없다. 즉, 시간은 전방과 후방에 관하여 '비대칭'이라는 것이다. 그러나 어느 이론도 인간의 감각만으로는 납득이 안 되는 곳이 있다.

결국 지금까지 시간의 차원을 가장 구체적인 모양으로 취급한 이론이 푸앵카레와 아인슈타인에 의한 특수상대성이론이고, 더욱이 그것을 확장한 일반상대성이론이라는 것이다. 상대론은 우리가 생리적으로 느낄 수 있는 3차원 공간과 1차원의 시간을, 어느 것이나 4차원 다양체(시공간)를 만드는 구성요소라고 말하는 것이다.

CHAPTER

5

모습을 드러낸 5차원 공간

그때까지 아무도 말한 적이 없는 5차원의 세계는, 물리학에서 가장 중요한 분야의 하나인 전자기학을 상대성이론에 융합하려고 한 독일의 칼루차와 스웨덴의 클라인에 의해 생겨났다. 그렇지만 이 야심적인 시도는 공간에 대한 인간의 이해에 새로운 수수께끼와 논쟁을 보태게 되었다.

'5차원'으로의 첫 마디

1920년대 초 아인슈타인은 물리학의 개념을 더욱 통일하기 위한 기초를 쌓았지만 거기에는 새로운 차원과 다차원 다양체가 큰 역할을 한다는 것을 기대하고 있었다.

앞서 언급했듯이 절대공간과 절대시간으로 이루어지는 뉴턴의 정적인 세계와는 대조적으로 아인슈타인이 생각하는 세계는 다이내믹한 것이었다. 즉, 그 공간은 이른바 유클리드 기하학에 의한 직선적인 것이 아니었다. 현재 우리들은 중력장을 동반하는 시공간의 기하학을 이해하고 있지만, 그 시공간은 정적이면서 불변인 장의 내부에 존재하지는 않는다. 그것은 다이내믹하게 서로 작용하는 장의 집합체이다.

그림 1 고민하는 아인슈타인

이렇게 해서 단기간 안에 아주 큰 성공을 거두고 있던 아인슈타인의 세계관은, 여러 가지 물리적인 개념을 더욱 통일하려는 희망과 기대를 주고 있었다. 그렇게 되면 다음 목표는 분명해진다—전자기력(전자상호작용)과 중력의 통일이다. 이것은 중력을 기하학화 한 이론(일반상대성이론)에 전자기력을 기하학화 한 이론을 합치시킨 통일장의 이론을 만들어 내는 것을 의미하고 있다.

그렇지만 이 작업은 훨씬 어렵다는 것이 분명해졌다. 아인슈타인은 1915년에 쓴 편지에 이렇게 탄식하고 있다.—"중력과 전자기력 사이에 다리를 놓으려고 나의 머릿속은 계속 괴로웠다."

다른 우수한 물리학자들도 이 문제에 몰두하고 있었다. 그중 한 사람으로 당시 스위스의 취리히 공과대학에 적을 두고 있던 독일 수학자 헤르만 와일(사진 1)이 있었다. 최신의 루프 양자 중력 연구로 알려진 미국의 물리학자 리 스몰린의 표현을 빌리면, 와일의 생각의 바탕에는 '아름다운 수학적 사상'이 있고, 그 생각이 훨씬 뒤에 소립자물리학의 '표준이론(표준모델)'이라고 부르는 것의 중심이 되었다.

그렇지만 아인슈타인과 와일의 시대에는 그렇게 눈을 크게 뜰만한 이론적 귀결을 가져오더라도 그것들을 실험에 의하여 검증할 수는 없었고, 그들의 시도는 모두 실패로 끝났다. 아인슈타인은 와일에게 보낸 편지에서 당시의 심정을 이렇게 쓰고 있다.—'현실과 타협이 될지 안될지 간에 그것은 사색이 가져온 위대한 성과이다'

와일의 '사색의 성과'에는 그 외에도 몇 가지 현실과 타협이 되지 않은 채로 잊혀져 간 것이 있었지만, 적어도 나중에 그들의 일부는 모습을 바꾸어 소생했다. 그런 깨달음으로부터 하나의 새로운 '양'이 모

사진 1 헤르만 와일(Hermann Weyl, 1885~1955)

대 수학자 힐베르트를 계승한 독일의 수학자이며 철학자로, 아인슈타인의 상대성이론을 수학적으로 해석하는 게이지이론을 생각해냈다. 이것은 일반상대성이론과 전자기력을 통일하려는 것으로 현재의 통일장연구의 선구였다. 프린스턴 고등연구소의 초기 주요 멤버.

습을 드러냈다. 그것은 또 하나의 새로운 공간차원을 더 보태어 차원의 수를 전부 다섯 개(5차원)로 하는 것이었다.

이것을 최초로 행한 것은 핀란드 사람인 이론물리학자 군나르 노르드스트룀(사진 2)이다.

1914년, 노르드스트룀이 전자기력을 기술하는 식을 5차원의 틀 속에 넣어봤다. 그렇게 해보니 전적으로 기적이 일어난 것처럼 거기에 중력이 받아들여졌다. 새로운 공간차원을 더함으로써 중력과 전자기력이 통일된 것이다.

사진 2 군나르 노르드스트룀(Gunnar Nordström, 1881~1923)

통일장이론에 잉여차원을 도입하는 시도를 처음으로 행한 핀란드의 이론물리학자

이 발견은 오늘날에 이르기까지 많은 통일장이론의 핵심 부분이 되고 있다. 그렇지만 이때의 노르드스트룀의 5차원 도입은 수학적 테크닉으로서는 남아있지 않고, 그 자신도 바로 알아차렸듯이 도입식에 잘못이 있었다. 그 잘못은 이론 속에서 중력을 (방향과 크기를 갖는 벡터양이 아니고) 단순한 스칼라량, 즉 방향을 갖지 않는 양으로써 취급한 것이었다. 이것으로 중력을 기재하는 것은 부정확하게 되었다.

노르드스트룀은 지금은 거의 잊힌 존재가 되었다. 그의 공적이 언급되는 것은 유일하고, 그 이론이 잉여차원을 사용한 다른 통일이론의 선구자가 되었다는 것이다. 다른 통일이론이란 노르드스트룀이 스스로의 이론을 버린 10년 뒤에 제출되어, 그 후 널리 알려지게 되는 '칼루차-클라인 이론'이다.

공간의 '사자 파'를 예언하는 칼루차-클라인 이론

노르드스트룀의 착상은 수년 후, 그때까지 거의 무명이었던 독일인 수학자 테오도르 칼루차에 의하여 받아들여졌다. 1885년에 태어난 칼루차는 재능이 넘치는 아주 다재다능한 과학자였다(사진 3).

그는 독일 북부 프로이센의 격식 높은 알베르티나 대학에서 수학, 물리학, 천문학 뿐만 아니라 화학, 생물학, 법학, 철학, 문학에도 정통했다. 또 17개의 언어를 말하거나 쓸 수도 있었는데, 유독 아랍어를 즐겼다고 한다. 그는 일상생활에도 과학적 엄밀성을 받아들여, 예를 들면 30대에는 수영하는 법을 책에서 읽은 후 처음부터 물에 들어가 바로 수영을 할 수 있었다고 한다.

칼루차는 1919년에 쓴 짧은 논문에서, 맥스웰과 아인슈타인에 의한 두 개의 위대한 장의 이론을 5차원 속에서 뒤섞어 결합하는 것을 제안했다. 또 그의 이론은 거기에서 중력과 전자기력 중 어느 것이 공간구조 속에 있어서 '사자 파'(그림 2)와 관계하고 있다는 것을 시사하고 있다. 즉, 중력은 통상의 3차원 공간의 사자 파에 의하여, 그리고 전자기력은 새로운 5차원의 '사자 파'에 의하여 운반된다는 것이다.

사진 3 테오도르 칼루차(Theodor Franz Eduard Kaluza, 1885~1954)

아인슈타인의 중력과 맥스웰의 전자장을 포함하는 5차원 방정식을 제안한 독일의 수학자, 물리학자. (사진: Wikimedia Commons)

칼루차가 자신의 논문에 대하여 아인슈타인에게 편지를 쓰고, 아인슈타인은 답장으로 칼루차에게 그것을 발표하도록 권했다. 이렇게 해서 그의 독일어 논문은 1921년에 발표되게 되었다.

그 속에서 칼루차는 노르드스트룀이 행한 것처럼 어떤 수학적 기술을 써서 의론하기 시작했다. 그는 중력에 대한 아인슈타인의 방정식(10개 장의 방정식으로 되어 있다)을 통상의 4차원이 아닌 5차원으로 글로 써서 나타냈다.

이때 칼루차는 그 방정식에 공간이 굽은 정도(곡률)를 재기 위한 리

그림 2 시공간의 '사자 파'

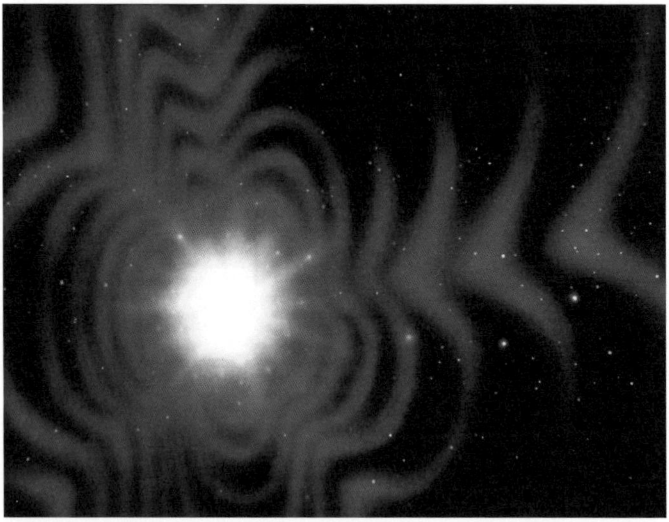

수면에 돌을 던졌을 때처럼 물체가 움직이면 공간이 휘며 사자 파가 되고 우주로 퍼진다(상상도). (일러스트: Yazawa Science Office)

만 계량 텐서[1]를 사용했다. 이것은 5차원도 포함하여 어떤 차원에서도 공식화할 수 있고, 물질이나 에너지에 의하여 굽은 중력장에도 응용할 수가 있다.

이들 5차원 방정식은 당연한 것이지만, 아인슈타인의 4차원의 장의 방정식과 더욱이 다른 성분도 포함하고 있었다. 그 성분이란 놀랍게도 맥스웰의 전자장이었다.

결국 이런 것이다—이 칼루차의 5차원 계량 텐서는 아인슈타인의 중력과 맥스웰의 전자장 둘 다를 품고 있었다.

1_계량 텐서. 120쪽 칼럼 ① 참조

단순한 우연이었을까? 칼루차는 논문 속에서 이 의문에 대하여 조금은 시적인 표현을 쓰면서 이렇게 말하고 있다.

"이것은 실제로, 비할 데 없는 형식의 통일이었다. 결코 예기치 못한 우연한 사건을 단지 멍하니 넋을 잃으면서 가지고 논 결과는 아니었다."

칼루차는 이 논문을 아인슈타인에게 보냈다. 아인슈타인은 칼루차의 생각의 '아름다움과 대담함'을 칭찬했다.

그렇지만 아인슈타인은 신중했다. 그는 그 논문을 심사하면서 출판을 2년 정도 지연시켰다. 아인슈타인은 항상 물리학 속에 'real thing(실제의 것, 진짜)'을 찾으려 했으므로, 수학에 있어서 추상적인 차원이라는 것에 만족하지 않았다. 결국 그 추상적 차원의 물리적인 특성을 알고 싶었다. 예를 들면 '5차원은 어디 있을까? 5차원은 어느 정도 클까? 왜 우리는 5차원을 본 적이 없을까?'라고 말이다.

1926년, 아인슈타인이 품고 있던 이 의문을 스웨덴의 이론물리학자이면서 수학자인 오스카 클라인(사진 4)이 대답하고자 했다.

클라인은 1894년, 스톡홀름의 주임 랍비(유태교 지도자)의 아들로 태어났다. 청년 시절에 그는 노벨연구소에서 스반테 아레니우스[2]의 학생이 되었고, 그 후 코펜하겐에서 3년간 유명한 물리학자 닐스 보어[3]와

2_스반테 아레니우스(Svante(August) Arrhenius, 1859~1927년). 어린 시절부터 신동이라는 소리를 들으며 자란 스웨덴의 화학자로, 물리화학의 초창기에 혁명적인 이론을 전개했다. 화학반응속도식(아레니우스의 식)은 현재도 이용되고 있다. 원자의 이온설에 의해 1903년 노벨화학상을 수상.

3_닐스 보어(Niels (Henrik David) Bohr, 1885~1962년). 덴마크에서 태어나 1916년 코펜하겐대학 교수가 되었고, 1920년에는 이 대학에 설립된 이론물리학연구소의 소장이 되었다. 토론을 좋아한 그에게는 각국의 젊은 연구자들이 몰려들었고, 양자역학을 건설하는 데 지도적 역할을 했다. 보어는 원자핵이나 핵분열에도 해박해, 제2차 세계대전 중에는 나치스에게 몰려 미국으로 건너가 원폭개발계획에 협력했다. 1926년 노벨물리학상을 수상.

사진 4 오스카 클라인(Oskar Benjamin Klein, 1894~1977)

잉여차원의 'compact화'를 주장한 스웨덴의 이론물리학자. 클라인-고든방정식이나 클라인-인과 공식, 시간여행의 이론, 클라인 패러독스 등으로 알려져 있다. 스톡홀름대학에서는 매년, 그의 이름을 붙인 기념 강연이 열리고 그의 강연록도 출판되고 있다.

함께 연구했다.

클라인의 제안에 의하면 칼루차 이론에서 5차원은 둥글게 된 고리와 같은 모양을 하고 있다고 한다(그림 3). 또 그 고리는 아주 작고, 물리적으로 다른 모든 스케일과는 동떨어진 작은 행동거지—'플랑크 길이'라고 부르는—로 생긴다고 하는 것이다.

그림 3 둥글어진 5차원

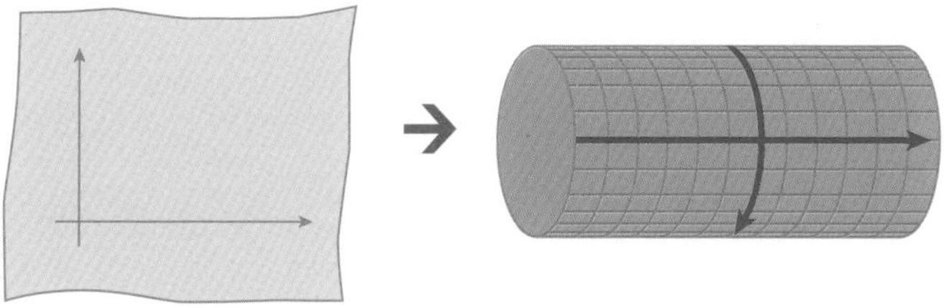

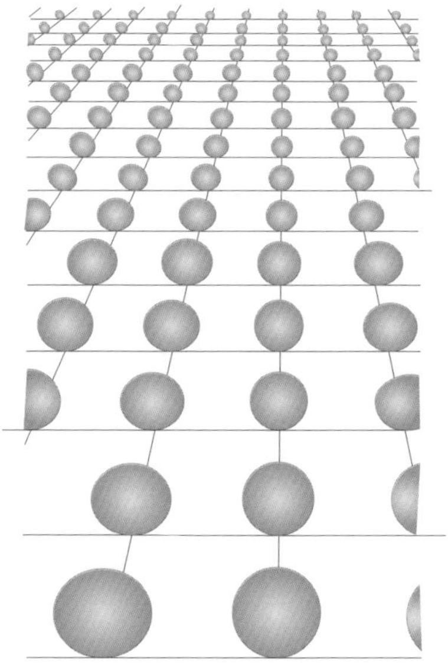

칼루차가 제안하고 클라인이 발전시킨 이론(칼루차-클라인 이론). 4차원 시공간에 하나 더 차원을 보태어 5차원 시공간으로 하고, 일반상대성이론(중력)과 전자기력을 통일하고자 했던 시도. 이 이론에서는 우리가 사는 세계는 원래 5차원 시공간이었지만, 다섯 번째 차원은 식별할 수 없는 작은 크기로 둥글다고 한다.

이것을 물리학의 양의 단위로 나타내면 10^{-35}m, 즉 1 m의 1조 분의 1의, 그것의 다시 1조 분의 1의 더욱이 1000억 분의 1이라는 터무니없는 작은 행동거지로, 양자의 크기보다 19자리나 작은 것이 된다. 결국 플랑크 길이는 인간이 관찰할 수 없는 것이다.

그러나 그것은 클라인이 의욕적으로, 소위 일시적으로 유도한 작은 행동거지(크기)는 아니다. 플랑크 길이는 물리의 세 가지 기본상수—광속도, 플랑크상수, 중력상수—로 정의할 수가 있다. 따라서 플랑크 길이[4]에는 물리적인 의미가 있고, 그것은 지금부터 이야기하게 될 「양자중력이론」 속에서 자연스럽게 나타나는 유일한 길이이기도 하다.

클라인이 이렇게 해서 5차원을 compact화—이것도 나중에 끈 이론에서 나온다—한 것으로부터 상대성이론과 양자론과는 5차원 속에서 관계를 맺게 된다.

당시의 물리학자나 수학자에게 양자론은 가장 뜨거운 화제였다. 그래서 이 클라인의 이론을 통하여 칼루차의 이론을 다시 보는 이론물리학자들이, 그것을 「칼루차-클라인 이론」으로 발전시키게 되었다. 그 속에는 볼프강 파울리[5]나 루이 드 브로이[6], 그리고 물론 아인슈타인도 있다. 그는 1927년에 어떤 편지에 다음과 같이 썼다.

「이 5차원 이론에 의해 중력과 맥스웰이론(=전자기이론)의 통일이 완전히 만족스러울 만큼의 모양으로 완수된 것 같다」

4_플랑크 길이. 고전적인 중력이론(=일반상대성이론)에서는 다룰 수 없는 시공간의 작은 행동거지로 10^{-33} cm. 광자가 플랑크 길이를 이동하기 위해 필요한 시간 10^{-43}초는 '플랑크 시간'이라고 하고, 빅뱅이론은 플랑크 시간보다 앞의 우주 상태에 대해서는 말할 수 없다.

5_볼프강 파울리(Wolfgang Ernst Pauli, 1900~1958년). 오스트리아의 빈에서 태어난 물리학자로 에른스트 마흐의 손자. 1925년에 「파울리의 배타원리」를 발견. 장의 양자론 건설에 크게 공헌한 업적으로 노벨물리학상 수상.

6_루이 드 브로이(Louis Victor Pierre Raymond de Broglie, 1892~1989년). 프랑스 귀족 가계에서 태어난 이론물리학자. 빛의 파동 및 입자의 이중성을 해결하기 위해 물질파의 개념을 발표하고, 파동역학의 선구자가 되었다. 이 업적으로 1929년 노벨물리학상을 수상. 만년은 양자역학의 인과적 해석에 노력하였다.

'죽은 몸'이 된 5차원의 세계

아인슈타인으로부터 엄청난 칭찬을 받았지만, 이 이론은 1930년대까지 '죽은 몸'이었다. 물리학자들은 수학의 테두리를 넘어 제5의 차원의 존재를 확신할 수가 없었다.

결국, 칼루차-클라인 이론이 가정하는 잉여 차원은 현실과 떨어진 작은 행동거지이고, 관측대상은 되지 못했다. 누구도 그 이론이 정말로 옳은지 어떤지를 검증할 수 있는 실험 장치를 조립할 수 없었고, 또 이 이론에는 뭔가를 예측하는 힘이 부족했다. 결국 이론을 바탕으로 새로운 가설을 시도도 못하고, 이론이 옳은지 어떤지는 '간접적으로' 확인할 수밖에 없었다.

더욱이 이 이론에는 중대한 약점이 있었다. 그것은 둥근 고리처럼 예측된 이 차원의 성질과 관계하고 있다. 이 고리는 앞서 언급한 것처럼 극단적으로 작은 것만이 아니고 얼어있다. 즉 공간과 시간 속에서 전혀 변화하지 않는다는 것이다. 앞에서 나온 미국의 이론물리학자 리 스몰린[7]은, 이 점이야말로 이론의 아킬레스건이라고 지적했다.

만일 잉여차원의 반지름이 '동결'되어 고정되었다면, 그 차원의 모습에는 운동성이 없게 된다. 그래서 이것은 일반상대성의 문자 그대로의 근간을 위험하게 한다. 왜냐하면 일반상대성은 '끊어지지 않고 변화하는 기하학의 이론'이기 때문이다.

7_리 스몰린(Lee Smolin, 1955년~). 미국의 이론물리학자. 일반상대성이론과 양자역학을 통일하는 양자 중력의 구축에 모든 방법으로 몰두, 특히 「루프 양자 중력」의 창시자 중 한 사람이다. 끈 이론이나 인과적 다이내믹 단체분할(CD, 시공간은 작은 삼각형으로 만들어져 있다고 한다)이라고 부르는 이론에서 일익을 담당했다. 현재 캐나다의 페리미터 이론 물리학 연구소 연구원.

처음에는 긍정적으로 칼루차-클라인 이론을 보고 있던 아인슈타인도 결국에는 의견을 바꾸었다. 1920년대 말에 아인슈타인은 다음과 같이 쓰고 있다.

「4차원 연속체를 5차원 연속체로 바꾼 다음, 다섯 개 차원 중 한 개를 인위적으로 가두는 것은 정상이 아니다. 그러면 스스로를 명시하지 않는 것이 되기 때문이다」

중력과 전자장을 통일하려는 시도에 실패한 것은 칼루차와 클라인만이 아니었다. 다른 유명한 물리학자나 수학자들도 이들 통일을 시험하고, 새로운 차원을 도입하거나 그러지 않기도 했지만 어느 쪽도 실패했다.

예를 들면 아인슈타인도 '디스턴트 페러렐리즘', 즉「원격병행」이라든가「원격병행중력」이라고 스스로가 이름을 붙인 아이디어를 제안했지만, 볼프강 파울리에게「말도 안 되는 난센스」라고 일축을 당했다. 지금으로는 이 아이디어는 완전히 사라졌다.

그리고 이후부터 1940년대에 이르기까지 물리학자의 대부분이 오직 혼자서 통일장이론을 연구하려고 하지 않았다. 조금이라도 이것을 연구한 사람은 물리학자들의 세계에서는 놀림의 대상까지 되었다.

1930년, 아인슈타인이 스스로의 이론을 비판적인 눈으로 보고 있을 무렵, 그는 다음과 같은 말을 남겼다.

「현재 이 새로운 이론에는 아무것도 없고, 단지 수학적 이론이 아주 애매한 부호로 간신히 물리적 현실과 연결되고 있을 뿐이다. 이 이론은 오로지 형식적인 연구에 의하여 발견되었으므로, 이론의 수학적 귀결은 아직 실험 결과와 비교할 수 있을 정도로 발전하지는 못했다」

이 비판은 아인슈타인 자신이 생각한 「원격병행」 이론을 증거로 삼고 있다. 그리고 동시에 통일장이론을 시도해 본 당시의 다른 모든 과학자에게도 적합한 것이었다.

16차원, 26차원을 다루는 이론가

이렇게 보면 물리학 개념의 통일을 목표로 한 1920년대의 시도는 대부분 아무런 성과도 올리지 못했다. 당시 물리학자의 대부분이 이 분야에 흥미를 잃고, 양자론이나 양자역학과 같은 새롭고 뜨거운 분야로 향했기 때문이었다. 그 분야는 젊고 총명한 물리학자가 이름을 올릴 가능성이 넘쳤다.

그렇지만 물리적 개념의 통일을 시도하는 이러한 과정에서 드러난 몇 가지 아이디어는 훗날 물리학에 유익한 것이었다. 앞서 언급한 것처럼 헤르만 와일이 1919년에 '막연히' 생각한 아이디어는, 수십 년 뒤에 소립자물리학자들이 「게이지이론」(150쪽 칼럼)을 발전시킬 때 되살아났다. 그리고 칼루차에 의한 공간차원의 수의 확장과 오스카 클라인의 compact화는 훨씬 뒤에 끈 이론과 우주론 속에서 광범위하게 사용되게 된다.

더욱이 칼루차 이후 물리학자들은 이전이었다면 생각하지도 못했던 것을 화제로 올릴 수도 있게 되었다. 즉, 우리들은 4차원 공간 이상의 차원의 세계에 살 수 있을지도 모른다는 것이다.

칼루차는 하나의 잉여차원의 확장, 즉 5차원의 세계에서 만족하고 있지만 현재의 이론물리학은 '끈'이나 '초끈' 또는 '초대칭성'이라는 개념에 몰두하고 있고, 솜씨가 좋게 6차원이나 10차원, 11차원을 다루고 있다. 그리고 더 이상의 차원도 아주 가까이에서 대기하고 있다. 어느 이론가들은 16차원 속에서 끈을 진동시키고, 속에는 26차원을 필요로 하고 있는 사람들도 있다.

어떻든 이들 잉여차원은 모두 '감추어져' 있다. 그들은 인간의 눈에 보이지 않는 것만이 아니라 오늘 존재하는지 그리고 물리학자들이 미래의 기술로써 상상하는 어떤 기술을 사용한 '물건을 크게 보이게 하는 장치'를 가지고 있다 해도 직접 볼 수는 없다.

만일 어떤 방법을 써도 보이지 않는다면, 그것은 그저 존재하지 않는 것일지도 모른다. 그러나 이러한 잉여차원이 정말로 존재하지 않는다면, 그것은 많은 이론물리학자는 연구의 장소를 잃고 문자 그대로 실업자가 되고 만다.

그리고 이들 이론은 잉여차원은 진짜이지만 그들은 눈에 보이지 않는 규모로 compact화 되어 있다고 말하려고 하고 있다. 이것은 잉여차원 개념의 개척자인 오스카 클라인이 처음부터 제창하고 있었던 것이기도 하다.

'숨겨진 차원'을 그려내는 시도

그러면 이 잉여차원은 어떤 물리적 현실을 갖추고 있는 것일까? 'compact화 된 길이'란 무엇인가? '다차원세계'라든가 색이 제각각일 때 혼란스

럽고, 때로는 기괴한 '소립자 동물원', 더욱이 '끈' 등의 세계로 헤치고 들어가기 전에 우선 우리들의 눈으로 볼 수 없는 '숨겨진 차원'의 모습을 여기에서 그려보도록 도전해 보자.

우리들 세계에서는 3차원 공간을 관찰할 수가 있다. 천체관측으로 우주는 어느 방향에서도 백 수십억 광년으로 넓어지는 것처럼 보인다.

그렇다면 넓어지는 쪽에서는 무엇이 일어나고 있을까? 3차원 공간은 더욱이 먼 방향으로 계속되는 것일까 아니면 공간이 굽어서 결국에는 원래 장소로 돌아오는 거대한 고리로 된 것일까? 만약 그러하다면 우주선이 우주 끝까지 도달하려면, 결국 출발한 장소로 돌아오게 된다.

우리들이 3차원 공간 안에 있다면, 그것이 얼마만큼 넓어져도 이론상으로는 보거나 측정할 수 있을 것이다. 볼 수 없는 것은 그들 차원이 어딘가에 끝을 가지는지 아니면 무한한지 또는 그 이외의 무언가라는 차이이다.

잉여의 '숨겨진 차원'은 이미 무한대가 아니라는 것이 분명하므로, 우리들은 이것을 본다하여도 이상하지 않다. 그럼에도 불구하고 보이지 않는다는 것은 그 차원이 '닫혀있는' 것임에 틀림없다. 결국 그 차원은 둥글다. 또는 감아 오른 고리와 같은 모양을 만들고 있다는 것이 된다.

이러한 잉여차원의 공간이 우리가 알고 있는 3차원 공간과 어떻게 융합하고 있는지를 상상하는 것은 쉽지 않다.

그래서 현재 컬럼비아대학교 교수인 브라이언 그린(사진 5)이나 그의 고등학교 친구로 현재 하버드대학 교수인 리사 랜들(201쪽 사진 4 참조) 등의 물리학자는, 이 보이지 않는 차원을 「가든 호스 우주」라고 이름을 붙인 모델로 설명하고 있다. 가든 호스는 문자 그대로 정원의 나

사진 5 브라이언 그린(Brian Greene, 1963~)

초끈 이론의 연구자로서 알려진 컬럼비아대학교의 물리학, 수학교수. 그의 저서(『우아한 우주』)는 미국에서 베스트셀러가 되었다.

무에 물을 주는 호스이다.

지금 당신은 아주 멀리 떨어진 곳으로부터 호스의 일부분을 보고 있다고 하자. 그것은 1차원적으로 연장한 물체로서 한 개의 긴 선처럼 보인다. 그러나 가까이 가서 보면 호스에는 두께(지름)가 있다는 것을 알 수 있다. 결국 호스의 표면은 2차원이고, 이 호스를 길이 방향으로 일부분을 자르면 그 자른 입에 직사각형이 나타난다. 그 직사각형으로 둘러싸인 부분에 3차원이 나타나는 것을 이해한다(그림 4).

지금 호스의 표면에 개미 한 마리가 살고 있다고 하자. 개미는 그곳을 걸어서 두 개의 다른 방향으로 이동할 수가 있다. 즉, 호스의 길이를

그림 4 가든 호스 우주

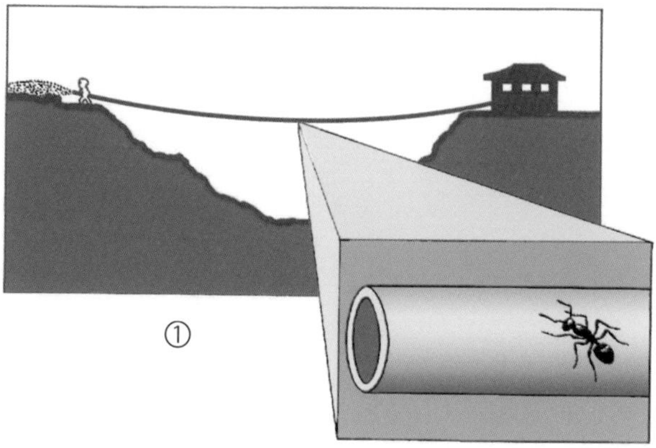

① 먼 곳으로부터 '가든 호스(물뿌리개 호스)'를 보면 1차원의 물체, 즉 한 개의 긴 선으로 보인다.
② 호스는 확대하면 두께(지름)를 갖는 2차원인 것을 알 수 있다. 개미는 호스의 단면을 따라 원 주위를 움직일 수도 있다. (자료: Brian Greene, The Elegant Universe(1999))

따라 앞뒤로 움직이거나 호스의 단면방향인 둥근 모양의 주위를 시계방향이나 반시계방향으로 움직이게 된다. 결국 개미가 사는 세상은 2차원이다. 하나는 호스를 따라 크게 연장된 차원, 또 하나는 호스의 단면을 따라 둥근 작은 차원이다.

이러한 그림은 우주를 점점 넓어지는 차원과 마이크로 같은 공간에 꽉 갇혀 있는 추가적인 공간차원을 갖는 세계로 그리고자 했다.

그렇지만 개미와 가든 호스의 모델에는 약점이 있다. 개미에게 호스를 따라 뻗어가는 부분과 호스의 둥근 고리모양 부분으로 된 두 개의 차원은 낯익은 크기라는 것이다. 개미는 호스의 고리모양 부분의 차원, 즉 우주의 가장 작은 차원보다 더 작은 존재이므로 그 차원이 보이고 만다.

그렇지만 오스카 클라인이 제창했던 compact화 된 차원은 인간이 볼 수도 있고 느낄 수도 있는 척도보다도 훨씬, 실제 몇 십 자리나 작다. 그것은 프랑크 길이 정도이고, 물리학에서 취급하는 양(물리량)으로부터 유도되는 최소의 길이이다.

이러한 길이는 우리가 알고 있는 어떠한 방법을 써도 검출할 수가 없다. 그러므로 우리 인간에게는 이 세계가 공간의 3차원과 시간의 차원이라는 4차원 시공간처럼 보인다(또는 4차원 시공간처럼 밖에 보이지 않는다).

가든 호스의 세계에서도 우리가 사는 세계와 아주 닮은 경치가 있을지도 모른다. 만일 개미가 아니라 훨씬 크고, 호스의 고리모양 부분의 차원이 그 시야로부터 완전히 사라져버릴 정도의 생물을 상상해 본다. 그러면 거기에는 실제로 2차원의 세계임에도 불구하고, 그 생물은 "line land(선의 세상)" 즉, 가늘고 긴 선과 같은 대지의 1차원(+시간 차원)의 세계에 있다고 믿을 것이다.

5차원 공간과 6차원 공간

이 선의 세상과 닮은 이야기가 우리 인간에게도 일어난다. 칼루차-클라인 이론이 예언하는 5차원 공간, 즉 네 개의 공간 차원과 한 개의 시간 차원의 주인인 우리에게도 역시 잘 알고 있는 세 개의 공간 차원과 시간 차원 이외는 인식할 수가 없다. 아주 작고 둥근 제4의 공간 차원이 우리의 지각으로부터 벗어나기 때문이다.

그런 세계에서는 누구도 공간 차원이 네 개가 있다는 것을 생각하지 못할 것이다. 그 사실을 몰랐더라도 달리 아무런 장해도 일어나지 않는다. 결국, 아주 작은 잉여차원을 느껴 이해할 수 없더라도 우리들의 세계관은 아무런 영향도 받지 않을 것이다.

그렇지만 21세기의 물리학자들은 리사 랜들이 「유효 이론」이라고 이름을 붙인 것을 뭔가 하려고 하고 있다. 거기에는 인간이 실제로 오감에 의하여 느낄 수 있는 것만을 문제 삼으려 하고 있다.

지금까지 봐온 것처럼 '숨겨진 차원'은 우리가 그것을 보거나 느낄 수 없는 것이므로, 누구도 신중하게 문제 삼지 않을 것이다. 그렇지만 이것이 실제로 존재한다면 이야기는 달라진다. 어떤 차원이든, 그 그림을 구체적으로 그릴 수 있는지 어떤지를 우리는 진지하게 생각해야 한다. 거기에는 아마도 기하학이 도움이 될 수 있을 것이다.

칼루차-클라인 이론의 예언으로 돌아가면, 아주 작게 둥글어진 잉여차원은 3차원 공간의 모든 곳에 존재한다. 우리들은 이 4차원 공간을 잘 아는 3차원 공간과 같은 식으로 설명할 수는 없다. 그러나 보통의 공간을 2차원으로 낮출 수는 있다. 3차원 공간을 얇게 잘라서 평면을 새로 만들어 내면 된다.

이때 문제의 잉여차원은 평면의 모든 장소(점)로부터 튀어 나가 고리를 만든다. 앞서 가든 호스의 세계일 경우 무수히 많은 고리는 길게 뻗은 차원을 따라 일렬로 줄을 서게 될 것이다(그림 5).

이와 비슷한 방법으로 잉여차원이 두 개가 있는 경우를 생각할 수도 있다. 예를 들면 3차원의 각 장소에서 두 개의 잉여차원이 공 모양 혹은 도넛 모양을 만든다면, 거기에는 5차원 공간이 존재하게 된다. 그러나 5차원 공간보다 다차원의 경우는 이야기가 훨씬 복잡해진다. 그

그림 5 튀어 나간 잉여차원

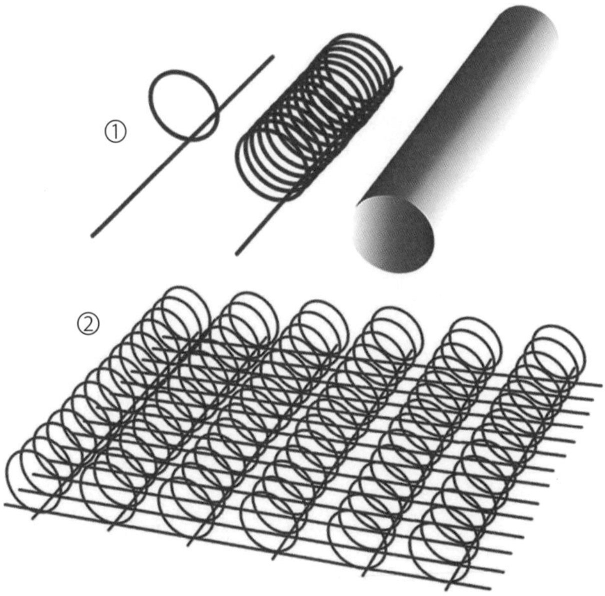

① 2차원 공간에서 한 차원이 고리 모양으로 둥글게 되어있는 경우, 또 하나의 무한히 뻗은 차원 위의 모든 점에 고리(원)가 존재한다.
② 3차원 공간에서 세 개의 차원 중 하나가 고리 모양으로 둥글게 되어있는 경우, 다른 두 개의 평면 위(2차원 공간)의 각 점 모두에 고리(원)가 존재한다.
(자료: L. Randall, Warped Passages(2005))

한 예가 끈 이론 속에서 나타나는 6차원의 「칼라비-야우 공간(칼라비-야우 다양체)」(후술)이다. 끈 이론의 연구자가 시사하는 바에 따르면, 뒤틀리고 둥글어진 초 마이크로한 6차원 공간은 몇 만, 몇 십만 종류나 존재할 가능성이 있다. 그들은 당신의 코앞이거나 화성의 북극이든지 또는 은하계의 중심부이든 간에 눈에 보이는 개미와 모든 공간에 분포한다(188쪽 그림 1 참조).

잉여차원은 반드시 모습을 드러낸다?

지금까지 쭉 봐온 '숨겨진 차원'의 모델은 분명히 그럴싸하게 들린다. 그렇지만 마음에 걸리는 것도 있다.

그것은 유효이론이나 둥글어진 차원, 이러한 것을 지각할 수 없는 우리들의 선천적인 능력에 대한 의론은 단순하고 합리적인 설명으로는 말할 수 없는 것이 아닐까라는 의문이다. 반대로 잉여차원이 존재하지 않는다는 사실을 비밀로 하는 시도가 되어있는 것은 아닌가?

앞에서 나온 리사 랜들은 저서 『Warped Passages(『휘어지는 우주』)』에서 이렇게 묻고 있다.—「잉여차원의 세계는 본래의 모습을 4차원 세계와 전혀 구별할 수 없는 데까지 완전히 감출 수 있을까? 그렇게 되리라고는 전혀 생각할 수 없다」

그리고 그는 보다 높은 차원의 세계에는 4차원 시공간의 세계와 구별할 수 있는 뭔가 다른 요소가 있을 거라고 생각하고 있다.

그렇지만 그것을 감히 문제삼아야 할 것일까? 도대체 우리는 이런 새로운 요소를 고차원 속에서 실제로 찾아낼 수 있을까? 결국 우리가 잉여차원을 직접 보거나 느낄 수도 없는 이상, 이 세계가 4차원으로 나타나는 것은 당연할 것이다.

앞서 이야기한 'flatland', 즉 2차원의 평면세계에 살고 있는 사람과 아주 닮은 상황에 있는 것이다. 이 평면세계에 사는 사람은 두 개의 공간차원밖에 볼 수가 없으므로 3차원의 구체(공 모양)는 2차원의 원반으로밖에 보이지 않는다. 우리가 사는 세계에서도 이것과 아주 닮은 현상이 일어나는데, 예를 들면 고차원의 공간으로부터 날아온 입자도 3차원 공간을 이동하는 입자로밖에 보이지 않을 것이다.

그러나 잉여차원이 우리들에게 발견되지 않도록 계속 도망가도, 어쩌면 우리가 관측할 수 있는 물리현상 속에 간접적인 증거를 남길지도 모른다.

리사 랜들을 시작으로 물리학자들은 '숨겨진 차원'이 우리가 사는 3차원 공간의 세계를 가로지를 때, 아직은 잘 알지 못하는 '극적인 효과'가 생기는 것을 기대하고 있다. 결국 고차원 공간이 저차원 공간 속을 가로지를 때 뭔가의 근원적인 힘이 순간만이라도 모습을 드러낼 것이라고 생각하는 것이다.

앞서 언급한 칼루차 이론이 이미 잉여차원의 존재를 간접적으로 시사하고 있었을 가능성도 있다. 이 이론은 분명히 중대한 결점을 가지고는 있지만, 동시에 몇 가지 놀랄만한 특성을 시사하고 있다. 칼루차는 3차원 공간과 시간차원을 공식화한 아인슈타인의 일반상대성이론에 단지 잉여차원을 더한 것이지만, 거기에는 이미 예상되는 것으로 시공간의 차원에 대한 아인슈타인의 잘 아는 방정식이 포함되어 있다.

그러나 칼루차의 이론은 아인슈타인의 방정식 외에도 몇 가지 식을 포함하고 있지만 그것은 새로운 차원과 관련하고 있는 것만이 아니다. 이미 본 것처럼 그리고 아주 놀랄만하게 맥스웰의 전자장의 방정식과 똑같았다! 결국 새로운 차원을 도입하기 위한 수학적인 방정식이 실제의 물리현상을 설명하고 있었던 것이다.

이것은 단순한 우연일까? 아니면 이 이론은 4차원 시공간을 넘어 새롭고 또 깊은 물리적 진실에 도달한 것을 시사하고 있는 것일까? 미치오 카쿠가 저서 『파라렐 월드(평탄한 세상)』에서 이야기한 것처럼 이것은 전자기력과 중력 통일의 실마리가 되는 것일까?

혹시라도 잉여차원의 존재를 시사하는 징후나 흔적이 어딘가에는 있을 거라고 주장하는 리사 랜들의 이야기는 맞을지도 모른다. 그녀는 숨겨진 공간으로부터 사자가 될 수 있는 '칼루차-클라인의 입자'에 최대의 소원을 담고 있다. 그리고 다음 장에서는 이런 미지의 입자가 가지고 있을 메시지에 주목해야 한다.

칼럼

게이지이론

독일의 수학자 헤르만 와일은 1920년경, 아인슈타인의 중력이론을 기하학적으로 다시 해석하고 중력장과 전자장의 통일을 시도했다. 그중 와일은 길이의 스케일(게이지)을 바꾸어도 이론 내용이 변하지 않는 '척도기준의 불변성'을 고찰했다. 물론 독일어로 말이다.

이들 개념이 세상의 물리학자들 사이에 퍼지면서 독일어 표현이 영어로 번역되어 '게이지 불변성(gauge invariance)' 또는 '게이지 대칭성(gauge symmetry)'이라는 용어가 생겨났다. 또 모든 힘, 즉 전자기력, 강한 핵력, 약한 핵력 거기에 중력이라는 네 가지가 작용하는 가상적인 장은 '게이지 장(gauge field)'이라고 부르게 되었다.

와일이 생각한 최초의 이론은 옳지 않다는 것이 밝혀져서, 이들 용어와 개념을 사용한 「게이지이론」은 전자기력과 약한 힘을 통일한 전약(電弱)통일이론 및 강한 힘에 대한 현재의 소립자이론 —「표준이론」이라고 부른다— 의 기초를 이루고 있다.

게이지이론은 모든 힘 사이의 상호작용을 만들어내는 것은 「게이지입자」라고 부르는 힘을 매개하는 입자의 교환에 의한다고 한다(예를 들면 전자장에서 힘을 매개하는 게이지입자는 광자). 단지 네 가지 힘 가운데 중력을 미치는 게이지라고 말하는 그라비톤은 아직까지 가상적이고, 그 존재는 확인되지 않았다. 또 표준이론은 당면한 목표인 세 가지 힘을 통일적으로 설명하는 「대통일이론」을 실현하지 못하고, 더욱이 중력에 대해서는 아무것도 말하고 있지 못하므로 소립자이론으로는 아직도 불완전하다.

CHAPTER

6

끈 이론과 다차원 우주

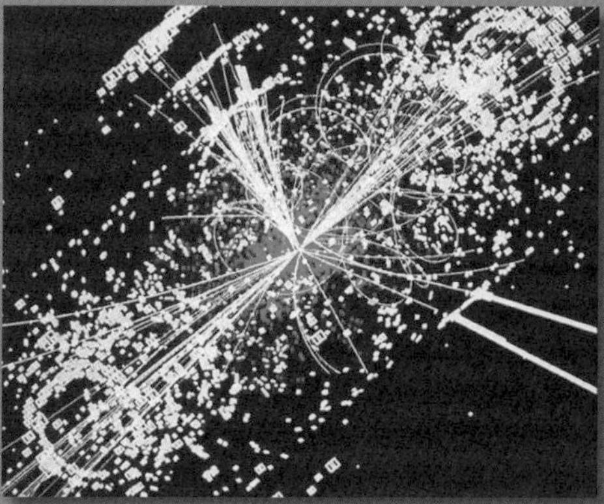

5차원 공간을 완전히 잊어버리고 있을 무렵 물리학 세계에서는 새로운 소립자의 발견이 이어지고, '소립자 동물원'의 출현에 누구든 어리둥절하고 있다. 거기에 양자역학과 중력의 통일을 목표로 하는 가장 유력한 후보인 「끈 이론」이 모습을 드러내면서, 망각의 저편에 있던 다차원 공간이 구세주가 되어 되살아났다.

소멸된 칼루차-클라인 이론이 부활하다

칼루차와 클라인이 제안한 5차원의 모델은 1930년대에 세상에서 자취를 감추었다. 물리학자들은 그들의 논문을 보지 않았고, 결국 논문은 전혀 인용되지도 않았다.

1950~1960년대의 물리학자들은 3차원보다 고차원 공간이 존재할 거라고는 생각하지 않았다. 사실 시공간의 4차원보다 높은 차원이 존재할 가능성을 처음으로 들은 당시의 물리학자들은 대단한 충격을 받았다.

앞에서 나온 뉴욕시립대학 이론물리학자인 미치오 카쿠는 저서 『초공간(Hyperspace)』에서, 그 자신이 칼루차의 5차원을 연구하고 있던 무렵의 주변 상황을 지금도 선명하게 기억하고 있다고 말했다. 그것은 마치 1963년 11월 22일 금요일에 케네디 대통령이 텍사스 주 댈러스에서 암살되었을 때 자기가 어디에서 무엇을 하고 있는지를 많은 미국인이 말하는 것과 같다고 미치오 카쿠는 쓰고 있다.

칼루차는 1954년에 죽었다. 그때 잉여차원의 마지막을 안내하고 있던 것은 극소수의 물리학자들뿐이었다. 그렇지만 잉여차원은 그 후 소립자물리학의 발전과 장과 힘을 통일하기 위한 시도와 함께 천천히 되살아나기 시작했다.

여기서 오늘날 연구하고 있는 다차원의 세계에 발을 들여놓기 전에 잉여차원을 쫓아 이론물리학의 30년을 되돌아보기 위해 잠시 여행을 떠나고 싶다. 이것은 1980년대 물리학자들이 소립자물리학에 있어서 「표준이론」(후술)을 도입하는 데까지 빠른 걸음의 여행이다.

제2차 세계대전 이후, 그전까지 주류였던 양자물리학을 대신하여 소립자물리학이 뜨거운 분야로 발전했다. 그것은 물리학자가 그때까지 큰 과제라고 여기지 않았던 물질의 구조에 힘을 쏟은 결과이다.

아주 대조적인 이야기지만 그 이전은 1930년대까지 발견되었던 물질의 구조에 대한 과학적인 이해—물질은 세 종류의 기본입자로 되어 있다—가 인간이 알고 싶은 것의 전부였다고 생각하고 있었다. 즉, 물질을 만들고 있는 모든 원자에는 양자와 중성자로 이루어지는 원자핵이 있고, 그 원자핵 주위를 전자가 에워싸고 광자가 전자장 안의 상호작용을 매개하고 있다는 것이다(그림 1).

그러나 물질의 구조를 이렇게 단순하게 생각하는 견해는 오랫동안 이어지지는 못했다. 1930년대에 이미 이론물리학자들은 「베타붕괴」(그림 2)라는 현상을 눈앞에 보고 당혹감을 감추지 못했다. 그것은 원자핵 안에서 일어나는 프로세스로 중성자가 전자를 방출해 양자로 변화하는 현상이다. 그렇지만 이 프로세스는 명확하게 「에너지 보존법칙」에 반한 것이다.

그림 1 물질의 구조

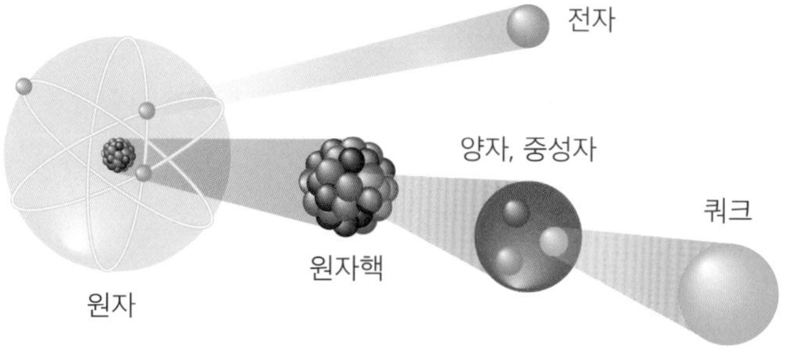

현재의 물질을 구성하는 가장 기본적인 요소는 쿼크나 전자와 같은 입자라고 생각하고 있다.

그림 2 베타붕괴

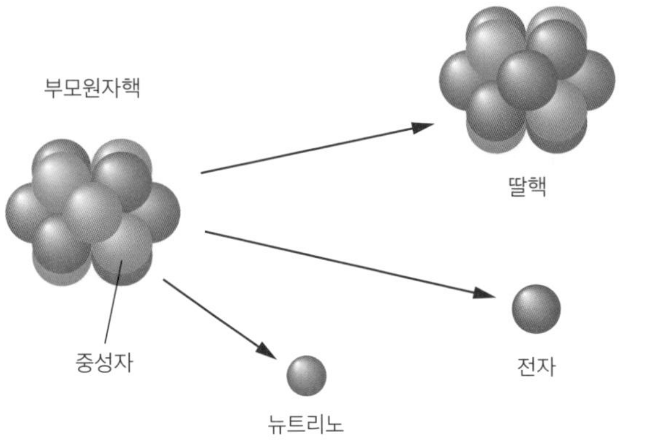

베타붕괴

중성자가 전자와 뉴트리노를 방출하여 양자로 변한다(한 가지 예).

그래서 양자물리학의 개척자 중 한 사람인 볼프강 파울리는 이 베타붕괴의 프로세스에 「뉴트리노」라고 부르는 중성의, 즉 전하를 갖지 않는 새로운 입자를 도입했다. 덧붙여 말하자면 뉴트리노라는 이름을 붙인 사람은 1938년에 노벨상을 받은 엔리코 페르미이다.

파울리에 의한 뉴트리노의 존재가설에 의하여 베타붕괴에서 보이는 에너지 보존법칙의 파괴문제는 해결되고, 1954년에는 실험에 의해서 그 존재가 관측되었다(사진 1). 이때의 발견자 프레드릭 라이네스와 클라이드 코윈, 두 사람은 1995년에 이 업적으로 노벨물리학상을 받았다.

한편, 우주선의 관측으로부터도 그때까지 알려지지 않았던 입자의 존재를 나타내는 증거가 알려졌다. 1950년대 이후 '아토믹 스메셔'라고 부르는 대형의 고에너지 입자가속기를 세계 각지에서 운용하기 시작했다. 전자와 양자 같은 입자를 가속시켜, 고에너지 상태에서 충돌시키

사진 1 뉴트리노의 최초 관측

1954년, 처음으로 원자로 옆에 검출장치를 두어 반전자 뉴트리노가 포착되었다.
(사진: Fermilab/U.S. Dept. of Energy)

기 위한 거대한 시설이다.

「입자 동물원」에서 「쿼크」로

이들 대형가속기로 수행한 입자의 충돌실험에서는, 전혀 눈에 보이지 않는 마이크로의 세계의 불꽃과 같이 충돌한 파편으로부터 수백 종류나 되는 새로운 입자가 생겨나는 것이 분명해졌다(사진 2). 이런 실험의 결과로써 1930년대에 고안된 소립자의 세계의 단순한 이미지는 급속하게 무너져 사라지게 되었다.

사진 2 입자의 충돌

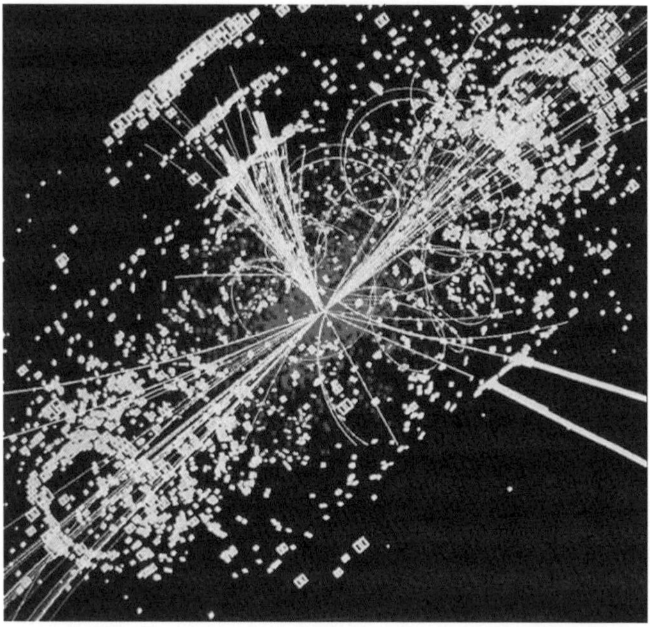

고에너지의 입자가 충돌하면 막대한 에너지가 방출됨과 동시에 여러 가지 새로운 입자가 한순간만 모습을 드러낸다. (사진: CERN)

그때부터 긴 세월 동안 소립자물리학자들은 여러 가지 입자를 발견하게 된다. 미국이나 유럽, 일본 등의 대형가속기를 사용한 실험으로 너무나도 여러 종류의 소립자가 발견되었으므로, 1960년대 후반이 되면 소립자의 세계는 빈정거림을 포함하여 "파티클 쥬(소립자 동물원)"라고 부르게 되었다(그림 3). 소립자 동물원은 300종류나 되는 소립자들로 구성된 것으로 나타났다(표 1).

너무나 다양한 입자의 존재를 보고도 그냥 지나치는 것은 도저히 불가능했다. 물질의 기본적인 모습은 훨씬 단순할 것이다. 결국, 물리

그림 3 소립자 동물원

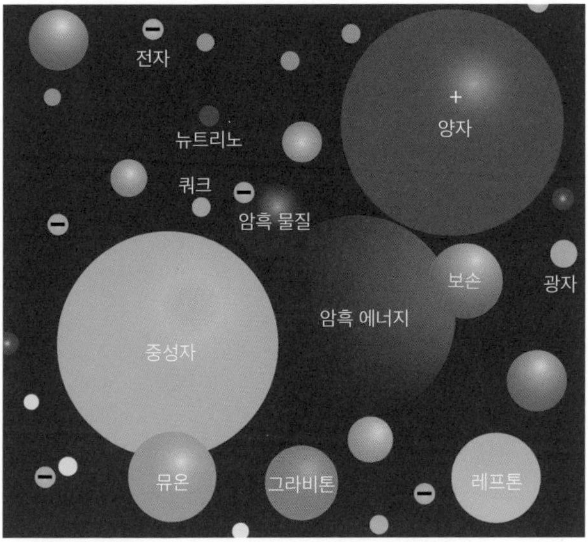

표 1 입자의 분류

소립자	하드론족	파리온(양자, 중성자 등) 중간자(파이온, K중간자, J/부사이 입자 등)
	기본입자족	쿼크(업, 다운, 스트레인지 등) 레프톤(전자, 뉴트리노, 뮤입자 등) 게이지입자(광자, W입자, Z입자 등)

적인 장과 힘이 통일이론에 의하여 정리되어 온 것처럼 다양한 소립자도 통합되고, 훨씬 깔끔한 모습으로 다시 태어나지 않으면 안 되었다.

그렇지만 중성자나 양자, 그 외의 입자 사이에서 일어나는 상호작용은 아주 복잡하고, 거기에서 관측된 현상을 바탕으로 해서 입자와 장을 체계적으로 이해하기까지는 이르지 못했다.

이 문제에 대하여 1970년대 초, 미국 물리학자 머리 겔만(사진 3)이

사진 3 머리 겔만(Murray Gell-Mann, 1929~2019)

오스트리아 태생의 겔만은 19세에 예일 대학을 졸업하고, 22세에 MIT박사학위를 받았다. 쿼크 모델을 만들어내는 등 소립자물리로 위대한 공헌을 하여 1969년에 노벨물리학상을 수상했다.

(사진: Heinz Horeis/Yazawa Science Office)

하나의 결정적인 해결책을 찾아냈다. 그것은 소립자 동물원을 구성하는 입자가 어느 것이든 '작은 블록'으로 구성되어 있다고 하면, 모든 입자는 어떤 단순한 계의 속에서 정리될 거라는 것이다.

그리고 겔만은 이 작은 블록을「쿼크」라고 불렀다(표 2).

예를 들면 양자와 중성자는 세 개의 쿼크로 구성되어 있다(그림 4). 쿼크가 처음으로 관측된 것은 1974년에 행해진 입자 충돌실험이었지만, 각각의 쿼크는 단독으로 모습을 나타내지 않으므로 그들은 간접적으로 관측되었다. 쿼크는 '결합상태'에서만 존재한다(덧붙여서 말하면 쿼크 이외

표 2 쿼크와 레프톤

	세대	명칭	기호	전하
쿼크	제1세대	업 다운	u d	+2/3 -1/3
	제2세대	참 스트레인지	c s	+2/3 -1/3
	제3세대	톱 바텀	t b	+2/3 -1/3
레프톤	제1세대	전자 전자 뉴트리노	e ν_e	-1 0
	제2세대	뮤 입자 뮤 뉴트리노	μ ν_μ	-1 0
	제3세대	타우 입자 타우 뉴트리노	τ ν_τ	-1 0

그림 4 양자와 중성자

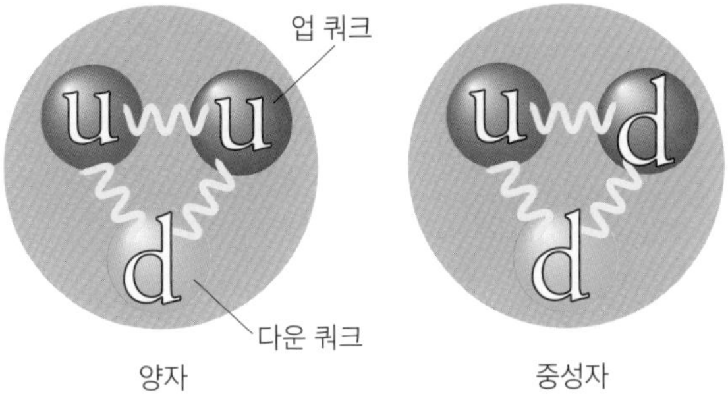

양자와 중성자는 세 개의 쿼크로 만들어진다.

의 소립자도 존재한다. 제2구분의 소립자인 「레프톤(경입자)」이다. 지금까지 전자, 뮤 입자, 타우 입자, 거기에 세 종류의 뉴트리노와 각각의 반입자가 알려져 있다).

쿼크의 등장으로 인해 입자끼리의 상호작용이나 힘도 포함한 소립자이론이 본격적으로 개척할 준비가 갖추어졌다.

그렇지만 입자끼리의 상호작용 이론을 구축(= 모델화)하는 시도는 이미 1950년대 초에 시작되었다. 그것은 원자핵 속에서 생기는 두 개의 힘—강한 힘과 약한 힘—을 하나의 이론으로 설명하고 통일하려던 중국계 미국인 물리학자 양첸닝(楊振寧. 1957년 노벨물리학상 수상. 사진 4)과 그의 학생 로버트 밀즈의 일이었다.

강한 힘(약한 상호작용)은 양자나 중성자를 구속하여 원자 속의 원자핵을 만든다. 또 이 힘은 쿼크끼리 이어 양자나 중성자를 만들고 있다.

사진 4 양첸닝(Yang Chenning, 1922~)

중국에서 미국으로 건너와 1949년부터 십수 년간 프린스턴고등연구소 연구원으로 근무했다. 57년에는 파리티의 비보존 연구로 리정다오(李政道)와 노벨물리학상을 공동으로 수상.

(사진: AIP/Yazawa Science Office)

한편 약한 힘은 원자핵이 붕괴하는 과정(베타붕괴), 즉 양자가 중성자로 또는 중성자가 양자로 변하고, 그때 전자와 뉴트리노 및 반입자를 방출하는 과정에 깊이 관계하고 있다. 약한 힘과 강한 힘의 크기에는 10^{13}배, 즉 10조 배라는 터무니없는 차가 있다.

양-밀 이론에 몰두한 난부 요이치로

당시 그들이 제창한 이론(양-밀 이론)은, 오늘날 소립자물리학의 「표준이론」—표준모델이나 표준모형으로도 부른다—의 기초를 이루고 있다. 그러나 표준이론의 기초를 쌓은 것은 양-밀 이론 뿐만이 아니었다. 그들의 연구 성과는 당초 크게 받아들여진 것도 아니고, 거의 지나쳐버렸다. 그리고 후에 물리학자들의 노력에 의해 크게 성공한 것이다.

초기의 양-밀 이론에 몰두했던 물리학자 중 한 사람으로, 2008년에 노벨물리학상을 수상한 난부 요이치로(南部陽一郎, 사진 5)가 있다. 거기에는 이 이론을 보완하기 위하여 수학적 궁리가 녹아 있는 것으로, 그 부분에만 20년 가까운 세월이 걸렸다. 그렇더라도 양-밀의 수식의 배경에 있는 것은 완전히 이해되질 않았다.

양-밀 이론에 있어서 하나의 중요한 견해—그것은 소립자의 교대와 아주 작은 에너지 교환에 '힘'이 관여하고 있다는 것이다. 소립자 사이의 이 힘을 매개하는 것은 「보손(보스입자)」이라 부르고, 어느 제한된 시간과 공간 속에서만 존재한다. 보손은 제3구분의 소립자 군을 만들고, 그 멤버는 글루온이나 포톤(광자)이다.

사진 5 난부 요이치로(Nanbu Yoichiro, 1921~2015)

1952년 미국으로 건너가 프린스턴고등연구소와 시카고 대학에서 이론물리를 연구. 하드론에 관한 「난부-고토모델」을 제안해 초기의 끈 이론에 공헌했다. 1960년대에는 소립자론에 있어서 「자발적 대칭성의 붕괴」나 양자색역학의 앞을 달리는 「색(color)」의 개념에 대하여 개척적인 연구를 했다. 2008년 노벨물리학상 수상했다. (사진: Betsy Devine)

이 가운데 글루온은 쿼크끼리를 매개해서 그들을 'glue(풀)'처럼 결합하는 입자이고, 다른 쪽 포톤은 전자기력(전자상호작용)을 운반하는 입자이다.

이리하여 이론물리학자들은 그때까지 혼돈스러웠던 소립자 동물원을 1970년대 중반에는 하나의 틀 속에 정리하게 되었다(그림 5). 그리고 이것이 앞서 언급한 소립자물리학의 표준이론이 되었다.

그림 5 표준이론

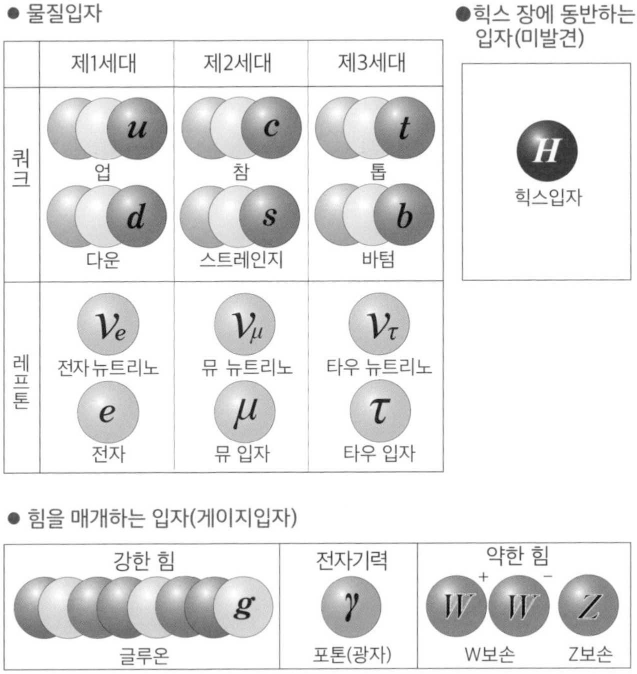

자연계의 네 가지 힘 가운데 중력 이외의 세 가지(강한 힘, 전자기력, 약한 힘)와 이들 힘에 관계하는 소립자에 대한 이론. (자료: KEK, 그림: Yazawa Science Office)

「표준이론」이라는 불완전한 이론

표준이론을 보면 양-밀 이론이 핵을 이루고 있고, 그때까지 등장했던 세 가지 타입의 기본입자—쿼크와 레프톤, 그리고 글루온—가 모든 물질을 구성하는 기본단위가 되어 있는 것을 알 수 있다.

또 이 표준이론은 입자끼리의 상호작용으로부터 생기는 네 가지의 힘(표 3) 가운데 세 가지를 통일하고 있다. 세 가지의 힘이란 맥스웰의

표 3 자연계의 네 가지 힘

힘의 종류	중요한 작용	매개입자
강한 힘	원자핵(양자와 중성자)의 생성, 양자붕괴	글루온
전자기력	원자와 분자의 생성, 화학반응	포톤(광자)
약한 힘	원자핵의 붕괴	$W_{\pm}$입자, Z_0입자
중력	혹성의 운동, 은하와 별의 형성	그라비톤

전지기력과 양-밀 이론에서 설명한 강한 힘 및 약한 힘이다. 표준이론은 처음의 발전단계로부터 보다 정밀한 보완단계까지를 합치면, 그 형태를 갖추기까지 거의 50년의 세월이 걸렸다.

표준이론을 만든 물리학자의 한 사람으로, 그 업적에 의해서 1979년에 노벨상을 공동수상한 미국의 스티븐 와인버그를 들 수 있는데, 표준이론 연구는 길고 긴 고통의 여정이었다. 그것은 그의 발언에 잘 나타나 있다.

"이론물리학에는 긴 역사가 있다. 나는 그 역사의 영향을 받아, 더구나 원자핵에서 보이는 강한 힘은 너무나 복잡하여 인간은 그것을 이해할 수가 없을 것이라고 발언한 적이 있었다."

그럼에도 불구하고 인간의 지혜는 결국 이 복잡한 현상을 이해했다. 그것은 순수한 수식만으로 이루어진 표준이론에 의하여 물질이 갖는 풀 수 없는 모든 성질을 분명하게 하는 것을 가능하도록 한 것이다.

표준이론은 단순한 이론이 아니고 현실 세계에서도 유효하다는 것을 나타냈다. 그것은 점점 강력해진 세계 각국의 고에너지가속기를 사용한 실험에 의해 실제 물질의 성질을 모순 없이 설명할 수가 있게 되었다. 이론물리학자나 소립자물리학자는 '만물의 이론, 궁극의 이론'을 향하여 밝게 전진해 온 것이다.

그렇다고는 하더라도 표준이론은 아직, '대체로 모든 것'과 씨름하는 가설 또는 이론일 뿐이다. 거기에는 한 개의 결정적인 힘이 빠져있다. 즉, 이 이론에는 '중력'이 포함되어 있지 않은 것이다.

중력이 빠진 표준이론으로부터의 전진

표준이론이 만들어져도 물리학자들에게는 숨을 돌릴 틈도 없었다. 아주 중대하고 기본적인 몇 가지 의문이 남아있었기 때문이다.

그중 하나는 중력이 들어있지 않아서 아인슈타인 시대부터 계승되어 온 일반상대성이론의 물리학이 배제되었던 것이다.

물리학을 완전한 통일로 밀어올리기 위해서는 중력을 통합하는 것이 궁극의 도전이 된다. 그렇지만 중력은 다른 세 가지 힘과 비교해서 터무니없이 미약하기 때문에, 하나의 이론 속에 통합하는 것은 아주 곤란한 과제이다.

우주론 연구자들은 표준이론을 마주하자 중력에 대한 다른 문제에 정신이 들었다. 그것은 '질량의 차이' 문제이다. 표준이론은 우주의 전체 질량의 4분의 1정도 밖에 설명할 수가 없다.

그러면 나머지 4분의 3의 질량—일반적으로 '암흑의 에너지'(그림 6)라고 부른다—은 어디에 숨어있는가?

그래서 이론물리학자들은 표준이론을 완성시키기 위해서 우주 질

그림 6 암흑 에너지(dark energy)

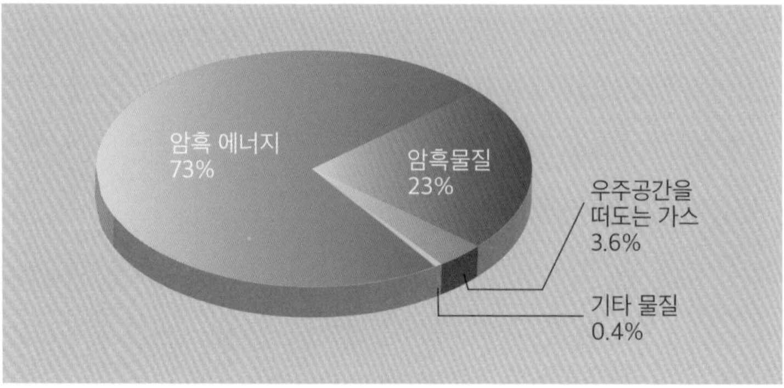

우주 전체 물질과 전체 에너지 가운데 우리 눈으로 볼 수 있는 물질은 4% 밖에 없고, 나머지 96%는 눈에 보이지 않는 암흑물질과 암흑 에너지라고 추측된다. (자료: NASA)

량의 대부분을 담당하고 있는 아직 미지의 입자를 찾아내야 한다고 생각하고, 그 입자에 '힉스 보손'이라고 이름을 붙였다. 그리고 현시점에서 세계 최강의 대형 하드론충돌형가속기(약칭 「LHC」. 179쪽 칼럼 ①)의 실험에 의해서 유령과 같은 입자가 관측되기를 바라고 있다.

이 가속기는 2009년에 운전을 시작했지만, 그 직후 고장 등으로 이 책을 쓰고 있는 2010년 가을 시점에서는 운전이 불가능했다. 그러나 많은 물리학자나 우주론학자는 이 거대한 장치가 성능을 발휘해서, 힉스 보손의 존재가 확인되는 날이 오기를 학수고대하고 있다.

「진리란 아름다움과 단순함으로 인식되는 것」

한편 표준이론을 나쁘게 취급하고 볼품없이 다루는 데 불평을 표하는 물리학자들도 있다.

예를 들면 강한 힘을 취급할 때는 36종류의 쿼크와 반쿼크를 필요로 한다는 점도 그중 하나이다. 이를 위해서 여러 가지의 '맛이나 향기'나 '색깔'을 가진 쿼크가 등장하게 된다.

또 글루온을 취급할 때는 8개의 양-밀 장, 즉 게이지장 이론이 필요하게 되고 그중 전자장과 약한 힘에 네 가지의 양-밀 장이 필요하게 된다—리스트는 이런 방법으로 더욱이 계속해 간다.

표준이론이 이 정도로 복잡하다는 것은 무언가 잘못이 있을지도 모른다. 그러므로 이 상황을 비관한 미국의 위대한 물리학자 리처드 파인만(194쪽 주 3, 195쪽 사진 3 참조)은 일찍이 이렇게 말하고 있다.

"진리란 그 아름다움과 단순함에 의하여 인식할 수 있는 것이다"

또 쿼크를 발견한 머리 겔만도, 1994년에 쓴 저서 『The Quark and the Jaguar(『쿼크와 재규어』)』에서 표준이론에 대한 비관적인 견해를 보이고 있다—"표준이론은 아직 기본이론이 아니다. 완전한 단순함을 대비한 이론은 훨씬 근원적인 수준에서 모습을 드러낼 것이다"

그러면 머리 겔만이 말하는 '근원적인 수준'은 어디 있을까?

이 문제에 대하여 대형 이론물리학자는 '끈'이야말로 궁극적이면서 근원적인 수준이라고 주장해 왔다. 그리고 끈이라는 개념 위에 구축된 「끈 이론」은 그 후, 양자역학과 중력의 통일을 목표로 하는 가장 유력한 후보가 되었다.

'진동하는 끈'과 '26차원'의 세계

끈 이론의 초기 역사는 1960년대 후반까지 거슬러 올라갈 수 있다. 그것은 오랜 세월에 걸친 소립자물리학의 세계에서 꽤 고립적으로 연구를 수행하고 있었던 작은 연구 그룹이, 소위 '하드론 충돌'이 일어났을 때 어떤 현상이 일어날 것인가를 이론적으로 조사하던 시대이다. 하드론이란 몇 가지 쿼크로 만들어져, 강한 힘(강한 핵력, 강한 상호작용이라고도 한다)에 지배되고 있는 양자나 중성자의 총칭이다.

끈 이론의 개척자인 미국인 물리학자 마이클 그로스는 1992년에 행한 어느 강의에서, 끈 이론이 등장한 배경이나 그것이 의미하는 점을 다음과 같이 말하고 있다.

"끈 이론은 물리학의 논리적인 틀을 연구하고 있던 보수적인 작업의 연장에서 생겨난 것이고, 그것은 소립자물리학의 기초에 대하여 어떠한 변경도 더하는 것은 아니다"

이것은 결국 끈 이론이라는 새로운 견해에 의한 소립자는 무한소의 '점 입자'라는 0차원적인 존재는 아니라는 의미이다. 그의 견해에 의하면, 소립자는 크기(길이)를 갖는 1차원의 '끈'의 진동이라는 것이다(그림 7). 그리고 끈 이론은 우리가 잘 알고 있는 4차원 시공간(제4장 참조)보다도 높은 차원을 필요로 하는 것이다.

끈 이론 연구자　우리는 표준이론을 손에 넣었습니다. 이 훌륭한 표준이론은 중력을 고려하지는 않습니다. 그렇지만 모든 소립자는 왜 질량을 가지고 있는가처럼 많은 의문에 대하여 설명하거나 대답하는 것도 불가

그림 7 진동하는 끈

끈 이론에 의하면 입자는 '점'은 아니고 극히 미세한 길이의 '끈'이다. 끈의 진동이나 끈끼리의 상호작용에 의하여 여러 가지 입자가 생겨난다. (일러스트: 키하라(木原康彦)/Yazawa Science Office)

능합니다. 우리들에게는 훨씬 일반화한 새로운 이론이 필요한 것입니다.

대자연의 신 여기에 새롭고 멋진 이론이 있고, 당신들에게 양보해도 상관없습니다. 그것은 중력과 양자론을 통일한 것으로 조정이 가능한 변수 하나만 준비하고 있습니다. 당신이 행해야 하는 것은 단 하나, 이 변수에 어울리는 값을 구하는 것입니다. 그것이 가능하면 표준이론 등은 금방 필요가 없게 될 것입니다.

끈 이론 연구자 그러면 그것을 양보해 주세요.

이 끈은 우연히 모습을 드러냈다. 1968년, 당시 CERN(유럽원자핵공동연구소의 약칭)에 적을 두고 있던 젊은 이탈리아 물리학자 가브리엘 베네치아노는 하드론 충돌실험 결과를 해석하고 있었다. 이 실험에서 그는 소립자의 상호작용이 '베타함수'라 부르는 것에 의해 설명할 수 있다는 것을 알아차렸다.

베타함수는 지금부터 200년 전, 스위스 수학자 레온하르트 오일러가 개척했다. 베네치아노는 이 함수를 이용하여 소립자의 강한 힘을 기술하는 데 성공했다. 더구나 의외의 것으로 순수하게 수학적인 이 방법이 기존의 자료와 완전히 일치했다.

한편 그 시기에 일본의 젊은 물리학자 스즈키(鈴木眞彦)도 오일러의 식을 마주했다. 그러나 스즈키는 선배 물리학자의 반대로, 오일러함수의 재발견과 하드론 충돌로의 응용에 대하여 발표하지 않았다. 그 때문에 사람들은 이 업적을 「베네치아노-스즈키 모델」이 아니고, 그냥 베네치아노 한 사람의 공적이라고 말하게 되었다.

그러나 베네치아노는 그의 방법이 왜 가능했는지 설명할 수가 없었다. 이 사실의 내면에 숨겨져 있는 물리학적 배경은 무엇이었을까?

이 수수께끼는 1970년, 세 사람의 물리학자에 의하여 밝혀지게 되었다. 그리고 세 사람 중 한 명이 바로 노벨물리학상을 수상한 난부 요이치로이다.

세 명의 물리학자들은 당시 각각 독립적으로 다음과 같은 설명을 이끌어 냈다.

「만일 소립자를 끈(현)을 진동시키는 모델로 구축했다면, 원자핵 속의 소립자의 상호작용은 베네치아노의 수학모델에 의하여 설명할 수 있다」

이것은 세계를 깜짝 놀라게 할 대발견이라고 그들은 믿었다. 하지만 세계의 물리학자들은 난부 요이치로 등의 원자핵에 있어 강한 힘의

해석에는 아무런 흥미를 보이지 않았다.

또한 이 새로운 견해에는 몇 가지 문제가 있었다. 그것은 시간차원을 포함해서 실로 26개의 차원을 필요로 했다. 이것은 이 견해 또는 개념이 아주 변칙적이라는 데서 유래했다. 그렇지만 분명히 시공간이 4차원부터 26차원으로 증가하면, 기묘하게도 변칙적 문제가 해소되는 것이다.

이 이론은 더욱이 가상적인 복수의 입자도 필요로 하고 있다. 그 속에는 초광속으로 운동하는 '타키온'과 같은 입자도 포함하고 있다. 덧붙여 거기에는, 결코 정지하지 않고 질량을 갖지 않는 입자도 필요했다. 이것은 이미 살아있는 진정한 물리학이라기보다 SF영화의 시나리오처럼 생각되는 것이었다.

또한, 초기의 끈 이론은 자연계의 모든 입자를 고려하지 않았다. 구체적으로 말하면, 쿼크가 속하는 페르미온(페르미입자)[1]의 친구는 제외되었던 것이다. 그 때문에 원자핵에 있어서 강한 힘을 기술하려고 하면 큰 문제가 생겼다. 한편, 표준이론의 연구에서는 강한 힘을 통합하는 방법이 나와 있었던 것이다.

이러한 이유로 끈 이론은 물리학자의 세계에서 진지하게 취급되지 못했다. 특히 연구자들에게는 고차의 잉여차원을 취급하는 것에 큰 저항이 있었다. 이렇게 해서 칼루차-클라인 이론은 이후 긴 세월 동안 잊어버리게 되었다.

1_페르미온(fermion, 페르미입자). 스핀이 반상수(1/2의 홀수배 = 1/2, 3/2, 5/2 등)의 입자로, 엔리코 페르미와 볼 디랙이 각각 독립적으로 발표한 통계를 따른다. 구체적으로는 전자, 양자, 중성자 등으로 두 개의 페르미입자는 동시에 같은 양자(量子)상태를 취하지 않는다(파울리의 배타원리).

모습을 드러낸 '슈퍼-시메트리(초대칭성)'

이것은 과학연구의 세계에 머무르길 바라는 물리학자들이, 자신의 연구 분야를 확실하게 해 두려는 것도 있었다. 결국 이 새로운 물리학의 개념에는 불과 몇 사람의 이론물리학자만이 계속 몰두하게 되었다.

그중 한 사람이 시카고에 있는 페르미 국립 가속기 연구소(사진 6)의 프랑스 출신인 젊은 물리학자 피에르 라몽(1943~)이었다. 그는 자신을 다음과 같은 말로 표현하고 있다—'나는 끈 이론이라는 광산의 채굴자와 같은 사람이었다'

사진 6 페르미 국립 가속기 연구소

쿼크의 하나인 톱 쿼크를 발견한 것으로 알려져 있다. 왼쪽 아래 보이는 원 모양이 입자가속기 테파트론.
(사진: Fermilab)

이 연구에 5년을 낭비한 그는 당시를 되돌아보고, 자신의 연구생활 속에서 가장 지적인 욕구를 채울 수 있었던 시기였다고 회상하고 있다.

라몽은 그의 연구그룹이 난부와 나눈 이야기를 지금도 선명하게 기억하고 있다. 난부는 그들에게 대하여 '쉽게 대답이 나오지 않는 문제에 몰두하도록'이라고 말했는데, 그 말이 라몽에게 강한 감명을 남겼다고 한다. 덧붙여 이 선배 과학자는 그들에게 점심을 사줬다고 한다.

1971년, 라몽은 끈 이론을 발전시켜 중요한 성과를 발표했다. 그는 베네치아노가 1960년대에 생각한 최초기의 끈 이론을 개량하여 페르미입자도 받아들여지게 한 것이다.

덧붙여 말하자면 베네치아노의 끈 이론은 「보손 끈 이론」이라고 하는데, 그 이름이 나타내는 것처럼 보손(보스 입자)의 존재는 예언하지만, 입자의 대부분을 점하는 페르미온(페르미입자. 주 1)을 예언하지 못했다. 더불어 초광속입자 타키온—현대물리학과 양립하지 않는 입자—의 존재를 시사하고 있다. 이들 두 개는 보손 끈 이론의 유달리 중대한 결함이 되었다.

이와 대조적으로 라몽의 개량형 끈 이론은 보손과 페르미온 사이에 있는 '대칭성'으로부터 새로운 종류의 대칭성을 처음으로 이끌어 낸 것으로, 그것은 후에 '초대칭성'이라고 부르게 되었다(180쪽 칼럼 ②).

초대칭성은 끈 이론 속에서 처음으로 발견한 것으로, 그 중요성은 끈 이론을 훨씬 넘어 퍼져갈 가능성을 가지고 있다.

라몽의 공적 중 하나는 그가 끈 이론으로부터 초광속입자 타키온을 배제한 것이었다.

그 후에 밝혀진 것으로, 라몽의 새로운 이론에 의하여 보손 끈 이론이 요구한 '26차원'이라는 터무니없는 수의 공간차원은 필요가 없게 되어, 10차원이나 있으면 충분한 것이 되었다. 라몽은 2010년에 플로리다 대학교 특별교수로 임용되었다.

끈 이론에 중력을 통합하다

지금처럼 끈 이론은 연구가 진행되면서 초대칭성 끈 이론—줄여서 '초끈 이론'이나 '초현 이론'이라고 부른다. 영어로는 'super string theory'—으로 발전했다. 거기에는 이미 공상과학적인 이야기는 포함되어 있지 않았다.

그러나 과학계는 끈 이론에 관심을 나타내질 않았다. 그 때문에 이 분야에는 연구자의 자리가 거의 없었고, 연구로의 흥미 부족이 끈 이론의 장래를 불안하게 했다.

수년 후에도 아직 연구를 계속하고 있던 물리학자로 프랑스의 조엘 샤크와 미국의 존 슈워츠(사진 7)가 있다. 슈워츠는 후년, 다음과 같이 말하고 있다.

"1974년까지는 끈 이론에 몰두한 대부분 모든 연구자들이 거기에서 빠져나와 잠시 녹음이 우거진 딴 곳의 잔디밭으로 이사를 갔다. 그 사이에 표준이론은 발전하여 큰 성공을 거두고 있었다. 그러나 조엘과 나는 완강하게 당시 흐름에 역행하였고, 끈 이론에 완고하게 붙어 다니는 문제에 맞설 것을 결정했다"

두 사람은 끈 이론에 남아있는 최대의 난제에 몰두했다. 바로 '질량

사진 7 존 슈워츠(John H. Schwarz, 1941~)

끈 이론으로 양자중력을 해명하려고 하는 연구자의 한 사람. 현재는 캘리포니아 공과대학에서 이론물리학 교수로 있다.

이 없는 입자'란 도대체 무엇인가라는 문제였다.

그들은 머지않아 끈 이론에는 필연적으로 중력이 동반한다는 것을 알아차렸다. 즉, 질량이 없는 입자라고 생각했던 것은 '그라비톤(중력자)'이었던 것이다. 그라비톤은 가상적인 입자로 중력파를 매개한다. 결국 그것은 전자기력을 매개하는 입자인 포톤(photon, 광자)—질량과 전하를 갖지 않는—과 아주 닮은 존재라고 생각할 수 있었다.

샤크와 슈워츠와는 별개로 일본의 젊은 물리학자인 요네야(米谷民明, 2010년 3월까지 동경 대학교수)도 또한 끈 이론이 중력의 특징을 나타내고 있다는 것을 깨닫고 있었다.

끈 이론이 중력과의 결합을 가능하게 했다는 것에 전망이 아주 밝았다. 이미 강한 힘을 다루는 하드론물리학에 속박되지 않고 중력을 양자(量子)화 하는「양자중력」 이론이 더 현실적으로 보였다. 그것은 물리학의 지평선에 아인슈타인이 봐온 꿈, 즉 모든 힘의 통일이라는 꿈이 모양을 가지고 나타난 것을 시사하는 듯 했다.

지금으로서는 이 연구로부터 나타난 잉여차원의 존재는 재앙이라기보다 오히려 찬미해야 할 것으로 보인다. 결국에는 시공간의 기하학은 중력이론 속에서 (정적이 아닌) 동적으로 결정된다. 따라서 우리들은 잉여차원이 어떤 종류의 compact화 한 공간의 모양을 만들고 있다고 생각하지 않을 수 없다. 샤크와 슈워츠는 이것을 '자발적 compact화'라고 불렀다.

이렇게 해서 끈 이론은 다시 칼루차-클라인의 세계로 돌아간 것이다.

요절한 샤크를 잇는 사람

그렇지만 또 물리학자들은 이 이론을 무시해 왔다. 존 슈워츠는 2000년에 다음과 같이 이야기했다.

"끈 이론은 힘을 통일하는 정당한 방법임에도 불구하고, 많은 이론물리학자가 그것을 납득하는 데 10년이라는 세월이 더 필요했다. 나는 그 이유를 알 수가 없다"

샤크는 1979년, 34세의 젊은 나이에 갑작스런 죽음을 맞이했다. 당뇨병이었던 그가 인슐린 주사를 잊어버렸거나 혹은 신경쇠약에 의한

사진 8 마이클 그린(Michael Green, 1946~)

1970년대 말에 그린은 슈워츠와 만나 공동연구를 시작했다. 1984년 두 사람은 수학적 기법으로 초끈 이론을 '발견'했다.

자살이었다는 몇 가지 추측이 있을 뿐이다.

샤크를 잃은 슈워츠는 끈 이론 연구를 젊은 영국인 물리학자 마이클 그린(사진 8)과 함께 계속했다.

그린은 거의 아무런 메리트도 없는 것처럼 보이는 이 분야의 연구에 오히려 몰두했던 극히 소수의 연구자 중 한 사람이었다.

1984년, 그때까지의 우울한 시대의 막이 사라지고 갑자기 많은 연구자가 끈 이론에 몰려들었다. 그것은 슈워츠와 그린이 끈 이론에 숨어 있던 변칙적인 것들을 제거한 연구 결과를 발표한 직후였다.

그 이론은 이번에야말로 모든 소립자와 힘(상호작용)을 모순 없이 기술할 것처럼 보였다. 그리고 이때 그들의 논문이 '최초의 초끈 혁명'을 선도하게 되었다. 문자 그대로 하룻밤 사이에 전 세계 수백 명의 이론 물리학자들이 끈 이론에 우르르 몰려들었고, 끈 이론이 과학의 주류가 되었다.

칼럼 1

입자가속기

대형 입자가속기는 강력한 자장에 의하여 양자와 전자를 빛의 속도에 가까운 속도까지 가속하여 충돌시켜, 그때 사방으로 흩어져 나타나는 여러 가지 소립자의 순간적인 모습을 거대한 검출장치로 포착하여 그들의 성질을 조사하기 위한 과학실험 장치이다.

유럽과 미국, 일본 등이 이런 종류의 입자가속기를 보유, 운전하고 있지만, 그중에서도 스위스에 있는 LHC—대형 하드론 충돌형가속기의 약칭. 전체 둘레가 27km—는 14TeV(14조 전자볼트)라는 세계 최강의 에너지로 양자끼리를 정면충돌시키는 능력도 가지고 있다. LHC의 장기목표는 본문에서도 이야기하고 있는 「대통일이론」 및 「초대칭성이론」이 옳다는 것을 입자충돌실험에 의해서 검증하는 데 있다(사진 9).

사진 9 현재 세계에서 가장 강하다는 입자가속기 LHC

(사진: CERN)

칼럼 2

「대칭성」과 「초대칭성」

「대칭성(symmetry)」은 일상생활에서 아주 구체적으로 흔한 개념이다. 우리들은 왠지 모르게 '조화롭다'라는 인상이 있는 것이나 심미적 관점에서 호감이 가는 균형이나 밸런스를 가진 것을 나타낼 때 이 말을 사용하고 있다.

물리학 세계에서 대칭성은 보다 추상적인 것에 대한 개념이고, 어떤 물체를 이것저것 '조작'해도 물체의 성질이 변하지 않는 현상을 가리키고 있다.

실제로 많은 물리법칙은 대칭성을 가지고 있다—즉, 대칭적(symmetric)이다. 대부

그림 8 초대칭성입자

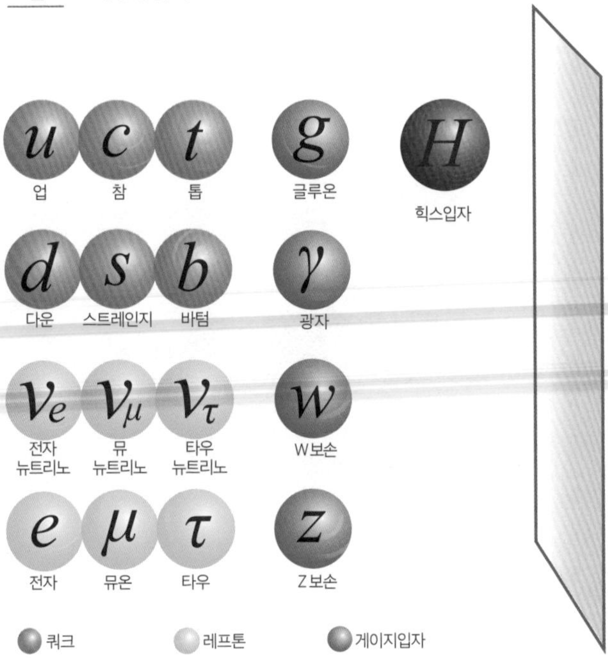

분의 물리법칙은 시간과 공간의 어느 방향에 대해서도 성립한다(예외적으로 열역학과 같이 시간 대칭성이 성립하지 않는 법칙도 있다. 그렇지만 열역학에 있어서 엔트로피—즉, '난잡함'은 시간이 흐름에 따라 증가하기 때문이다).

물리학자는 「대칭변환」이라는 말도 자주 사용한다. 어떤 물체에 대하여 뭔가의 조작을 하면서 관측할 수 있는 어떠한 성질도 변하지 않을 때, 그 조작을 이렇게 부른다. 예를 들면 공 하나를 굴려도 공은 공 모양 그대로 아무것도 바뀌지 않는다. 결국 이 공이라는 계는 회전대칭을 가지고 있다는 것이다.

다른 예로 두 고양이그룹을 생각해 보자. 한쪽 고양이그룹은 동쪽에, 다른 쪽은 서쪽에 살고 있다. 그리고 그들의 점프능력을 측정한다. 만일 두 그룹 사이에서 평균적인 점프력에 차이가 없으면, 고양이의 점프력은 동쪽과 서쪽 그룹의 교환이라는 조작에 대하여 대칭이라고 할 수 있다.

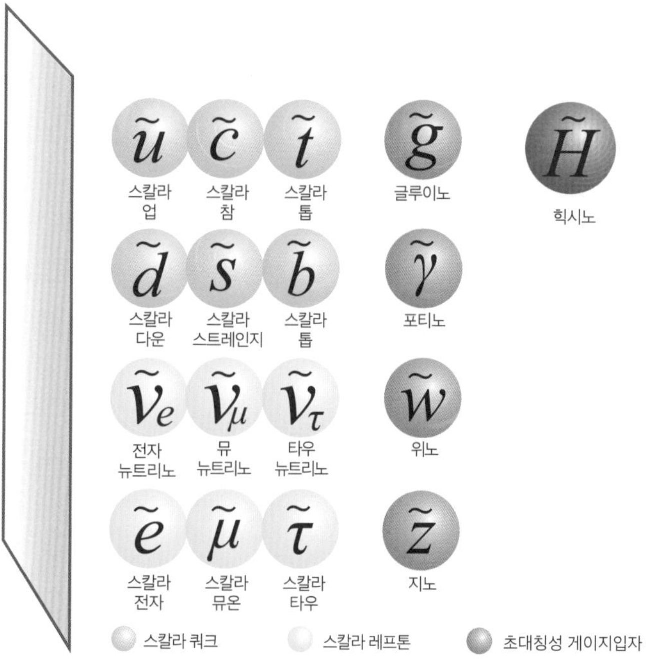

계가 갖는 대칭성에 대하여 안다는 건 아주 중요하다. 대칭성은 계에 작용하는 힘에 대하여 우리들에게 가르쳐주기 때문이다. 앞에서 고양이의 사례로부터는 이들 고양이 그룹이 같은 근력을 가지고, 또 사는 장소에 상관없이 지구중력이 동일하게 고양이에게 작용하고 있다는 것을 나타낸다고 생각할 수 있다.

'초대칭성(supersymmetry)'은 1971년에 당시 러시아의 물리학자 유리 골판드, 에브게니 리프시츠 등이 처음으로 고안한 것이다. 그것은 궁극적으로는 두 종류의 소립자—페르미온(페르미입자)과 보손(보스입자)—를 통합하여 힘과 입자의 통일을 목표로 하는 시도였다.

전자, 양자 또는 쿼크 등의 물질을 구성하는 입자는 모두 페르미온이다. 한편, 힘은 모두 보손(게이지입자와 함께)에 의하여 생긴다. 두 종류의 입자는 분명히 다르다. 즉, 페르미온은 반상수의 스핀을 가지고 있으며 보손은 상수의 스핀을 가지고 있다. 어떻게 하면 이들을 통합할 수 있을까?

초대칭성의 세계에서는 모든 입자가 다른 그룹의 입자와 짝이 된다. 이것을 '초대칭성 파트너(super partner)'라고 부른다. 초대칭성은 모든 보손에 대하여 파트너가 되는 페르미온을 주고, 모든 페르미온에는 보손의 파트너를 내밀고 있다(그림 8).

초대칭성이론에 의하면 어떤 종류의 상황 아래 한 쪽 그룹의 입자는 다른 쪽 그룹의 입자로 변할 수 있다(보손과 페르미온 사이의 '대칭변환').

이러한 초대칭성 파트너는 지금까지 발견되지 않고 있다. 그러나 초대칭성은 초끈이론이 그에 의해 이루어지는 수학적 형식을 상당히 단순화하는 역할을 완수했다. 그 때문에 끈 물리 연구자는 이것이 초대칭성의 개념에 얼마간의 진실이 존재하는 것을 나타내고 있을 가능성이 있다고 생각하고 있다.

CHAPTER

7

인간은 브레인우주에 사는 사람인가?

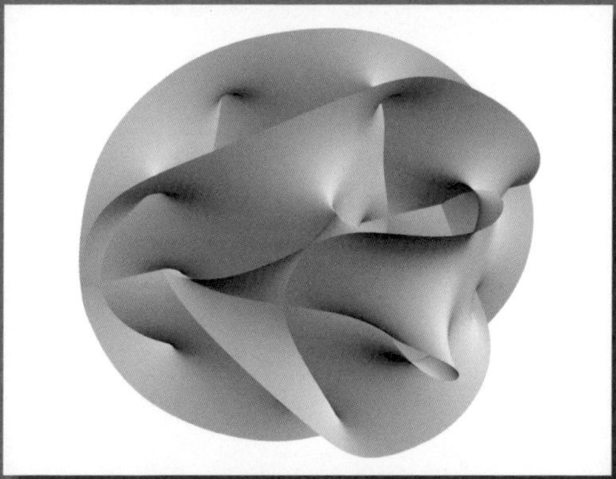

끈 이론은 당초 26개의 차원을 갖는 다차원 세계를 예언했다. 그 후 이론가들은 차원의 수를 10까지 줄였지만, 그래도 6개의 '잉여차원'이 극히 미세한 공간에 접혀있다고 주장한다. 더욱이 리사 랜들은 거기에서 미지의 브레인우주를 이끌고, 세계에 충격을 던져주게 되었다.

10차원의 보다 깊은 수수께끼

끈 이론에서는 각각의 소립자가 표준이론의 경우와는 다른 수명을 가지고 있다.

표준이론에서는 물질을 만들고 있는 구성단위는 0차원의 점 입자이다. 이것에 대하여 끈은 양자의 1000억 분의 1 정도로 무시무시하게 작은 것으로 1차원의 퍼짐(길이)을 갖는다고 생각하고 있다.

끈은 진동한다. 그리고 그 진동모드에 따른 '고유한 공진'이 일어난

사진 1

우주의 모든 공간에는 눈에 보이지 않는 10차원이 숨어있을까? (사진: NASA/ESA)

다. 이 고유진동이 바로 물리학에서 말하는 '입자(particle)'이다. 진동모드의 종류는 무한하므로, 끈의 진동에서 생기는 물질의 종류도 무한하다—이렇게 해서 끈 이론은 자연계가 모든 종류의 입자로 구성되어 있다는 이유를 설명할 수 있다.

물리학에서는 입자를 공진현상으로 보는 것은 드물지 않지만, 이것에 대해서 끈 이론이 취급하는 '다차원'이라는 개념은 아주 친숙하다고 말할 수 없다. 이 이론을 생각할 때 우리들의 세계에서 일반적으로 받아들이고 있는 차원, 즉 공간의 3차원 내지 시공간의 4차원에서 여러 가지 일을 생각하는 습관을 가져야 한다.

앞서 언급한 것처럼 당초의 끈 이론은 26개의 차원을 필요로 하고 있었다. 현재 필요하다고 생각하는 차원은 10차원으로 줄었다. 그렇지만 예를 들어 왜 10차원인가? 그것은 물리학적인 요청 때문인가?

그렇지는 않다. 수학(수식)이 그것을 필요로 하고 있는 것이다. 앞에서 나온 슈워츠와 그린이 보여준 것처럼 끈 이론을 10차원 속에서 계산했을 때만, 그것은 모순이 없이 조화한다. 거기에는 모든 모순이 서로 부정하여 영이 되고 10차원 속의 끈만 남는다.

미치오 카쿠는 저서 『초공간』에서 이 계산 프로세스에 대하여 다음과 같이 설명하고 있다.

"끈이 *N*차원 공간 속에서 어떻게 분해되고 재결합하는지를 계산해 보면 차례차례로 무의미한 항이 나타나, 이 이론의 멋진 특성을 무너뜨려 버린다. 그래서 이러한 변칙적인 항을 없애는 데는 *N*에 10을 넣을 수밖에 없다. 실제 끈 이론은 시공간의 차원이 어떤 특정한 수에 고정되는 것을 요구하는 유일한 양자 이론으로 알려져 있는 것이다."

그러면 시공간의 10차원은 단지 수학적인 곡예에 의하여 가정되는 것뿐일까? 대답은 '예스'일지도 모른다. 그러나 끈 이론의 연구자들은 이런 종류의 수학적인 마술이 가능하게 되는 건 현실 세계에 깊숙이 10차원이 숨어있기 때문이라고 생각하고 있다. 실제 모순이 없는 끈의 방정식이 처음으로 계산되었을 때 거기, 즉 끈으로부터 아인슈타인의 방정식이 모습을 드러낸 것에 물리학자들은 충격을 받았다. 이것은 보다 깊고 또 본질적인 현실을 시사하고 있는 것은 아닐까?

그것에 대한 진위는 달리하더라도 미치오 카쿠에 의하면 고차원의 기하학은 이 이론의 핵심을 이루고 있다. 단지 그것은 지금에야 '보다 깊어진 수수께끼' 중 하나이다.

프린스턴 현악4중주단과 칼라비-야우공간

끈 이론 연구자(전 회보다 조금 뒤) 대자연의 신이시여, 조금만 기다려 주십시오. 이 새로운 이론은 우리들의 현실에 꼭 맞지 않습니다. 끈 이론은 10차원을 필요로 하는데 현실은 4차원 밖에 없습니다.

대자연의 신 당신에게 「칼라비-야우다양체」(후술)를 드리지요. 이것은 사실 훌륭한 장치군으로 반드시 끈 이론을 포함하여 4차원 속에서 문제없이 받아들여질 것입니다.

연구자 그러면 그것을 제발 주십시오.

대자연의 신 기꺼이 그렇게 하지요.

10차원 다양체(10차원 공간)는 우리에게 친숙한 시공간의 4차원 이외에 여섯 개의 '잉여'차원을 준비하고 있다. 앞 장의 칼루차-클라인 이론에서 취급한 제5차원과 같이, 이들 여섯 개의 잉여차원은 크기가 플랑크 길이(136쪽 주 4 참조) 정도로 아주 작다. 그러면 어떻게 하면 이들 여섯 개의 잉여차원을 통상의 4차원 시공간에 넣을 수가 있을까?

잉여차원이 하나라면 그 작업은 간단하다. 단지 고리를 만들도록 둥글리기만 하면 된다. 이 고리는 4차원 시공간의 모든 장소(점)에 존재하게 된다.

잉여차원이 두 개인 경우는 공 표면의 모양으로 말아 넣을 수가 있다. 다른 가능성으로 도넛 모양으로 둥글리는 것도 생각할 수 있다. 그리고 고리의 경우와 마찬가지로 공이나 도넛 모양의 잉여차원이 4차원 시공간의 모든 장소에 존재한다(그림 1).

그러나 초끈 이론에 있어서 여섯 개의 잉여차원의 경우는, 이러한 방법으로 간단히 말아 넣거나 둥글릴 수는 없다. 그렇다 하더라도 이들을 말아 넣는 것은 진절머리가 날 정도로 많은 각각 다른 방법이 존재하기 때문이다. 더구나 이 잉여차원은 조작이 없이 말아 넣거나 접거나 할 수는 없다. 잉여차원이 취할 수 있는 기하학적인 형상을 이론이 엄격하게 제한하고 있기 때문이다.

이 문제에 대하여 당초 나머지 6차원 공간은 어떤 특별한 원 모양을 하고 있을지도 모른다는 견해가 있었다. 그러나 약한 힘은 좌우를 구별하기 위하여 원 모양의 기하학은 표준이론의 핵심 부분과 서로 용납하지 않았다.

그림 1 6차원 시공간

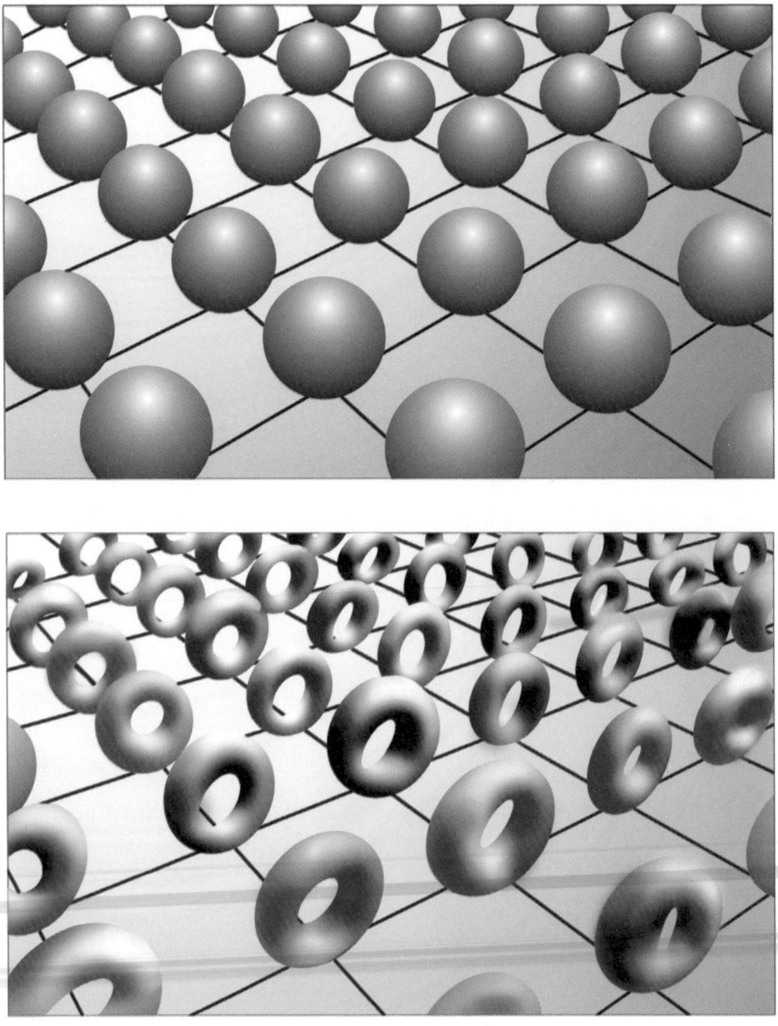

4차원 시공간 이외의 두 개의 잉여차원이 compact화 된 6차원 시공간. 위의 그림은 잉여차원을 공 모양으로 둥글리는 방법. 아래 그림은 가운데가 빈 도넛 모양(torus 모양)으로 둥글리는 방법.

(자료: Brian Greene, The Elegant Universe(1999))

이유는 쿼크와 레프톤이 갖는 스핀[1]과 관계하고 있다. 스핀에는 왼손잡이와 오른손잡이가 있어, 스핀의 방향에 의하여 약한 힘은 입자에 대하여 다른 행동을 보인다. 그렇지만 약한 힘만이 이 놀랄만한 성질을 가지고 있다. 인간으로 말하자면 왼손(왼쪽으로 회전하는 입자)에만 작용하고, 오른손(오른쪽으로 회전하는 입자)에는 작용하지 않는다.

끈 이론에 있어서 약한 힘이 우회전으로 작용하지 않는 것은 큰 문제였다. 그것은 표준이론이 약한 힘에 지배되는 좌회전의 입자에만 의존하고 있기 때문이다. 이 사실을 끈 이론에는 표준이론을 맞잡을 능력이 없다는 것을 의미한다.

1985년, 네 사람의 미국 물리학자가 이 막다른 골목에서 빠져나오는 최초의 방법을 찾아냈다. 모두 프린스턴 대학에 적을 두고 있는 연구자 데이비드 그로스, 제프리 하베이, 에밀 마티네크, 그리고 라이언 롬이다.

그들은 6차원을 둥글리기 위하여 복잡하고도 기괴한 방법을 제안했다. 그것은 정말로 「칼라비-야우 공간(칼라비-야우 다양체)」(그림 2)으로 알려진 기하학을 사용한 방법이고, 끈 이론이 등장하기보다 훨씬 이전으로 두 사람의 미국인 수학자 에우제니오 칼라비(Eugenio Calabi)와 싱 퉁 야우(Shing Tung Yau, 중국계)가 연구하고 있던 공간이었다.

이 네 사람이 새롭게 생각해낸 끈 이론은 '헤테로형 초끈 이론'이라고 이름을 붙이고, 그들은 당시 농담처럼 꾸며 '프린스턴 현악4중주단(그림 3)'으로 불리고 있었다—덧붙여 말하자면 진짜 프린스턴 현악4중

1_스핀. 소립자가 갖는 물리적 성질(자유도)의 하나로 자전을 닮은 성질. 단, 이들 소립자는 점 입자이므로 스핀은 질량을 갖는 물질의 회전운동과는 다르다. 스핀각 운동량.

그림 2 칼라비-야우 공간

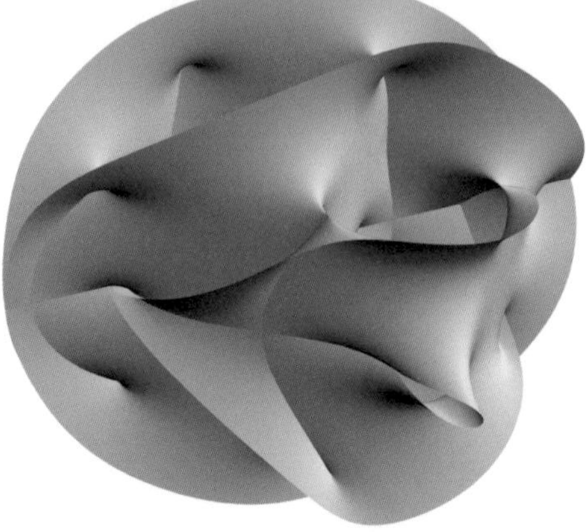

끈 이론에서는 우주는 10차원이고 나머지 6차원은 작게 접어, 그림과 같은 복잡한 모양을 하고 있다고 한다(그림은 한 예).

그림 3 프린스턴 현악4중주단

프린스턴 대학의 네 명의 연구자는 다섯 개의 끈 이론 중 하나인 헤테로형 끈 이론(루프 모양의 닫힌 끈)을 구축했다. (일러스트: 키하라(木原康彦)/Yazawa Science Office)

주단도 존재하지만.

그 후 같은 아이디어를 전진시키는 제2의 논문이 다른 네 명의 물리학자에 의하여 작성되었다. 그것은 어떻게 하면 끈 이론에 소립자물리의 최신 이해를 가져올 수 있을까를 기술한 것으로, 이 논문의 집필자 중 한 사람이 나중에 초끈 이론의 리더 격의 존재가 되는 에드워드 위튼(사진 2)이었다.

후에 'M이론(후술)'을 만들어 내게 되는 위튼은, 다른 이론물리학자들로부터 '세계에서 가장 위대한 살아있는 과학자', '아인슈타인의 후계자'라고 불리는 운명에 있었다.

칼라비-야우 공간의 수학은 구조가 매우 기묘할 뿐만 아니라 정신

사진 2 에드워드 위튼(Edward Witten, 1951~)

1995년 다섯 개의 끈 이론을 하나로 통일하려고 하는 'M이론'을 제창하고, 끈 이론이 품고 있던 곤란한 상황을 타개했다. 수학의 노벨상이라고 하는 필즈상을 수상하고 있다.

이 아찔해질 정도로 파고들고 있다. 그 때문에 2차원으로 묘사했을 때 이미지를 겨우 파악할 정도이다. 이 공간의 일반적인 아이디어는 대략 다음과 같다.

칼라비-야우 공간을 통하여 끈을 진동시킨다. 그러면 진동한 끈의 모양이나 배열이 일어날 수 있는 진동모드로 직접 영향을 준다. 결국 끈 이론에 있어서는 이 진동모드가 여러 가지의 소립자를 표현하게 된다.

또 전형적인 칼라비-야우 공간에는 도넛과 같은 구멍이 있고, 이 구멍은 진동하는 끈에 영향을 준다. 도넛의 구멍은 하나지만, 칼라비-야우 공간에는 다차원 구조를 취하는 구멍이 많이 열려 있다. 이 공간에 열린 구멍의 수는 여러 가지로, 3개, 4개, 5개, 25개라는 상태이다. 480개나 구멍이 열려 있는 공간도 알려져 있다.

칼라비-야우 공간의 모양에 대해서는 더욱 계속된다. 그것은 눈에 보이지 않는 6차원을 칼라비-야우에 의하여 compact화 하면, 수만에서 아마도 수백만 종류에 이르는 온갖 모양이 될 수 있다는 것이다(누구도 정확한 수는 모른다).

그러나 나머지 6차원에 의해 생기는 터무니없는 수의 가능성은 '유일성' 문제에 직면하게 된다. 결국 온갖 모양의 칼라비-야우 공간에서 어느 것을 선택하면 좋을까 라는 문제이다.

이것에 관하여 10년 정도 전, 앞서 이야기한 마이클 그린은 그의 저서에서 '칼라비-야우 공간 속에서 적절한 것을 선택해내기 위한 원리를 어떻게 발견할까—그것은 아직 미해결 문제이다'라고 쓰고 있다.

실제로 이것은 큰 문제이다. 그렇다는 것도 끈 이론으로부터 얻어지는 물리학적 결론은 둥글어진 차원의 정확한 모양에 좌우되기 때문이다. 따라서 그에 합당한 칼라비-야우 공간을 선택할 수 없다면, 그린이 말하는 것처럼 '실험으로 확인할 수 없는 결론이 유도'될 수 있게 된다.

이렇게 보면 분명한 건 초끈 이론은 단순하지 않다는 것이다. 고차원의 도입이 이 이론을 취급하기 어렵고 또한 복잡한 물리모델로 바꾸어 버리는 것이다.

5개의 끈 이론을 통일하는 'M이론'

끈 이론 연구자(그때부터 더욱 잠시 뒤) 대자연의 신이시여, 조금만 기다려 주세요. 칼라비-야우 공간을 집어넣는 방법이 너무나 많습니다. 그렇지만 그것은 끊임없이 풀리려고 하고 있습니다. 거기에 끈 이론은 음의 「우주상수」(우주척력)[2]에는 적합한 것이지만, 우리 손에는 양의 우주상수뿐입니다. 어떻게 하면 좋을까요?

대자연의 신 걱정할 필요는 없습니다. 아마 껌테이프가 조금 필요하지만, 그것으로 칼라비-야우 공간에 끈과 브레인을 붙입시다. 그러면 모든 준비는 끝났습니다.

1990년대 초, 끈 이론은 과대평가된 괴물 그 자체였다. 거기에는 다

2_우주상수(우주척력). 공간끼리 반발시키는 힘(만유척력)을 나타내는 상수. 1917년 아인슈타인이 일반상대성 이론에 바탕을 두고 우주모델을 만들 때, 우주를 '정지'시키기 위해 중력장의 방정식에 무리하게 덧붙인 다음에 '후회했다'는 것으로 알려진 항(우주항이라고 부르는 비례계수)으로 람다(LAMBDA)라고도 부른다. 현재 우주론에서는 우주상수는 진공의 에너지밀도로써 부활하고 있다. 1990년대 전반, 이 상수는 양의 값을 가진다고 하는 관측 결과가 나왔다.

그림 4 끈의 상호작용

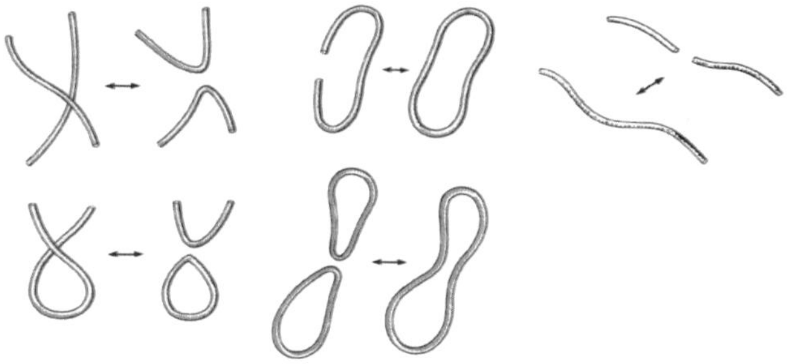

닫힌 끈과 열린 끈이 상호작용하는 기본적인 패턴. (그림: Yazawa Science Office)

섯 종류의 끈 이론이 나란히 존재하고 있었다(그림 4). 각각이 다른 힘, 즉 상호작용으로 구성되어 어느 이론에도 모순은 없었다. 이것은 도대체 무엇을 의미하는 것일까? 그것은 잠재적인 가능성을 가진 다차원 공간이 무한 개라고 해도 될 정도로 존재할 수 있다는 것이다.

실제 10차원을 4차원으로 억지로 들어가게 할 수 있는 방법은 머리가 이상하게 될 정도로 10^{500}가지나 있다! 이것은 전 우주에 존재하는 원자의 총 수를 훨씬 넘고, 10 뒤에 0이 500개나 있는 숫자이다. 이것으로는 어느 방법이 현실세계와 일치하는지 등 전혀 짐작할 수가 없다.

이런 터무니없는 상황에 대해서는 많은 물리학자가 비판을 전개했지만, 그 가운데에는 세계적으로 고명한 노벨상 수상자인 리처드 파인만(사진 3)[3]이나 제2차 세계대전 후의 가장 재능이 넘치는 실험 물리학자들도 포함되어 있다.

3_리처드 파인만. 미국의 물리학자. 양자 전자기학의 「집어넣기 이론」을 완성시켜, 1965년에 토모나가, 슈윙거와 함께 노벨물리학상을 공동수상. 기존의 견해로 취하지 않고 독자적인 방법으로 자연을 취급, 「파인만 다이어그램」 등 많은 독창적인 발명과 연구를 남겼다.

사진 3 리처드 파인만(Richard Phillips Feynman, 1918~1988)

독창성과 유머어가 넘치는 입으로 유명한 20세기를 대표하는 물리학자 중 한 사람. 파인만은 평생 끈 이론에는 부정적이었다. (사진: AIP/Yazawa Science Office)

파인만은 자연의 원리는 단순하고 그러므로 아주 아름답다고 주장했다. 그는 세상을 떠나기 직전인 1988년에 다음과 같은 말을 남겼다.

"나는 끈 이론은 어처구니 없는 생각이라고 강하게 느끼고 있다! … 이 얼빠진 초끈 이론은 어느 것이든 당치도 않은 잘못된 방향을 향하고 있다고 생각한다"

이런 상황에 함몰되어 있던 초끈 이론을 구출한 한 사람이 앞서 언급한 위튼이었다. 옥스퍼드 대학의 수학자 겸 물리학자인 로저 펜로스는 그의 저서 『The Road to Reality(현실로의 여정)』에서 위튼에 대하여 이렇게 쓰고 있다.—'당신은 어디로 가는가. 나머지 길을 걷는 데는 그만큼 시간을 필요로 하지 않는 게 아닌가!'

위튼의 부모는 물리학자이고, 그도 이론물리학자인 여성과 결혼했다. 그럼에도 불구하고 그는 대학에서는 언어학에 얽힌 역사연구에 집중했다. 대학을 졸업하고 1972년 민주당의 대통령 후보 조지 맥거번의 선거운동에 몸을 던졌다. 그 후 겨우 물리학을 생업으로 하려고 결심한 그는, 28세의 나이로 단번에 프린스턴 대학의 정교수가 되었다.

어느 동료는 위튼의 평상시 행동을 이렇게 묘사하고 있다—'그는 항상 의자에 앉아 머릿속으로 방대한 양의 방정식을 계산하면서 창밖을 바라보고 있다'.

위튼은 앞에서 나온 다섯 가지의 끈 이론은 수수께끼로 둘러싸인 채 이해에 진전이 없는 미지의 이론으로부터 유래하는 다섯 가지를 시사한다고 생각하고, 그 이론에 'M이론'이라고 이름을 붙였다. 'M'이 무엇을 의미하는지는 아무도 모른다. 그는 해석에 함축성을 갖게 하려고 일부러 그렇게 한 것이다.

사람들은 이 M을 'Membrane(막)', 'Magic(요술)' 또는 'Mysterious(신비적인)'의 머리 글자일 것이라고 추측했다. 일각에서는—분명히 끈 이론에 대한 회의론자이지만—이것은 '마키(애매한)'의 M이 틀림없다고 야유를 포함하여 표현하는 사람도 있다.

다섯 가지 끈 이론을 하나로 통일하려고 하는 위튼의 시도는 더욱 다른 차원을 필요로 했다(그림 5). 그것에 의하면 공간은 10차원으로 이루어지고, 시간을 더한 시공간의 차원은 11차원이 된다는 것이었다.

왜 11차원일까? 위튼에 의하면 여기에는 '초중력(super gravity)'이 관계하고 있다고 한다. 초중력의 개념은 20년 정도 전에 개척된 것으로, 그 또한 11차원을 필요로 하고 있다.

자세한 것은 생략하고, 초중력이란 초대칭성과 중력을 조합한 것이

그림 5 초 Membrane(M이론)

어느 것이든 10차원의 세계인 다섯 종류의 끈 이론을 통일하고, 시간 차원을 더한 11차원의 초중력이론을 유도하려는 최신의 가설

다. 그것은 괴물과 같은 수식으로 모습을 드러낸다.

수학자 리만이 유도한 단순한 계량 텐서는 오직 성분이 열 개로 이루어져 있다. 이것에 대하여 초중력이 취급하는 '초계량 텐서'는 문자 그대로 수백 가지의 성분으로 구성되어 있고, 이것에 씨름하는 수학자에게 문자 그대로 인내와 고통으로의 도전을 요구한다.

끈 이론 연구자들은 모두 M이론이 끈 이론을 통일하여 시종일관된 것으로 유도해 준다는 것을 기대하고 있다. 그러나 그것은 아직까지 먼 꿈이다. 다섯 개의 끈 이론은 모두 M이론으로부터 유도되는 것으로,

M이론 자신은 끈 이론을 넘어 아직 이해 불가능한 영역으로 퍼져나가고 있기 때문이다.

단어 앞에 '초(super)'라는 것이 붙는 물리 용어는, 초대칭성과 초중력만으로는 끝나지 않는다. 11차원의 M이론도 또한 '초 Membrane'이라고 부르는 다른 개념과 관계 짓고 있다.

초 Membrane의 개념은 특히 새로운 것이 아니고, 그에 대한 발전사는 1980년대 초로 거슬러 올라갈 수 있다. 끈 이론 연구자들은 1990년대가 되어서 이 개념을 부활시켰다. 이로써 그들은 끈 이론을 둘러싼 여러 가지 문제가 해결되기를 기대하고 있다.

더욱이 그들은 끈만이 아니고, 'brain'—뇌를 의미하는 membrane으로부터 유래한다—이라고 부르는 '고차원의 박막'을 거두어들이는 것으로 초끈 이론은 기능을 할 것으로 주장하였다.

모든 '거품 우주'를 생각해 낸 '다차원 우주'

초끈 이론의 아주 간단한 시나리오로는, 끈의 끝이 아무것도 없는 공간에 노출되는 것은 허용하지 않고, 따라서 끈은 닫힌 루프(고리)를 만들고 있다고 생각해 왔다. 그러나 이 생각은 브레인이 존재하면 바뀐다. 결국 브레인에는 '열린 끈'이 존재할 가능성이 있다는 것이다.

이러한 끈의 양끝은 소립자를 나타내고 있다. 그리고 끈의 양끝을 브레인에서 떼어 놓는 것은 불가능하므로, 소립자는 브레인에 갇히게 된다. 이렇게 해서 브레인은 질량이나 에너지, 전하라는 자연계의 모든

그림 6 브레인 상의 '열린 끈'

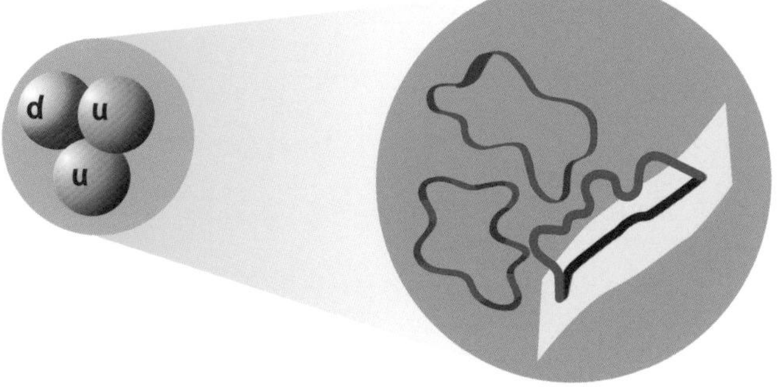

브레인 이론에서는 네 가지의 힘 가운데 중력 이외의 힘(강한 힘, 약한 힘, 전자기력)을 매개하는 소립자나 물질을 만드는 입자는 '열린 끈'에 의하여 운반된다. 끈의 양끝은 브레인에 결합하여 갈라놓는 것은 불가능하고, 소립자는 브레인 위에 갇힌다. 한편 중력을 전하는 소립자는 '닫힌 끈'으로 되어 있어서 5차원 공간(바르크)을 자유로이 움직일 수가 있다. (자료: NASA)

것을 거둬들이게 된다(그림 6).

브레인은 고차원 공간 속에 있는 저차원의 존재이다. 이것은 어느 집에도 있는 샤워용 커튼, 즉 3차원의 목욕실에 있는 2차원의 얇은 막과 같은 물체를 연상하면 쉽다. 그러나 브레인은 또 고차원 공간에 있는 다차원의 '면'으로서도 존재할 수 있다. 이 면에는 '2 brain'이나 '3 brain' 등의 호칭이 붙어있지만, 그들 가운데 유달리 흥미로운 것은 3 brain이다. 이것은 꼭 우리들 세계에서 보는 것과 같은 3차원 공간을 동반하고 있다.

이 견해에 의하면 우리가 일상생활을 하고 눈으로 볼 수 있는 세계는 3 brain이라는 것이 된다. 그것은 소위 바닷물 가운데 거품과 같고, 고차원의 바다에 나는 3차원의 새와 같기도 하다.

이론가들은 이 거대한 공간을 '바르크(대공간)'라고 부른다. 결국 이 이론 전체는 바르크의 바다에 떠 있는 브레인으로부터 성립한다는 것이다.

바르크 공간은 우리의 어떠한 상상력의 한계도 넘고 있다. 그것은 3차원이나 4차원, 5차원만이 아니고, 더욱이 고차원의 브레인도 혼합되어 공존하는 터무니없는 공간이다. 모든 기묘한 '거품 우주'—우리의 우주도 그중 하나에 지나지 않는다—가 생각나는 이 바르크 우주를, 끈 이론 연구자들은 'universe(단, 하나의 우주)'가 아닌 'multiverse(다원 우주)'라고 부르고 있다.

M이론을 단순화한 '브레인 우주론'이 등장하다

M이론은 지금 몸짓을 봐온 것처럼 11차원을 동반하는 극도로 복잡한 우주 시나리오이다. 그것은 우리가 사는 4차원 시공간에 더해, 초끈 이론에서 본 것처럼 compact화 되어 아주 작은 영역에 접어 개어진 6개의 공간차원과 지금 하나의 잉여차원으로 되어 있다.

11번째 마지막 차원은 compact화 된 다른 차원과는 상태가 다르고, 꽤 큰 것으로 생각할 수 있다. 이 차원은 10차원의 초끈 이론과 11차원의 M이론과를 중개 역할을 하여 관련짓기 위해서 도입되었다. 아주 복잡한 이야기이다.

그리고 1999년, MIT교수인 리사 랜들—당시 미모와 샤프한 두뇌로 이미 이론물리학계의 스타가 되어 있었다(사진 4)—과 그녀의 공동연구자로 인도계 미국인 라만 선드럼은 M이론을 아주 단순화한 모델을 고안했다. 그것은 나중에 '랜들-선드럼의 브레인 우주모델'로서 널

사진 4 리사 랜들(Lisa Randall, 1962~)

프린스턴 대학과 MIT, 하버드 대학의 이론물리학으로 종신재직권(테뉴어)을 가진 첫 여성 교수. 1999년에 선드럼과 「숨겨진 잉여차원」을 제창하여 주목을 받고 있다.

리 알려지게 된다.

이 시나리오에서 필요로 하는 잉여차원의 수는 100년 전의 칼루차의 아이디어와 같은, 즉 오직 하나였다. 그럼에도 불구하고 그것은 내부에 5차원 시공간과 거기에 3차원 공간 그리고 시간차원을 가지는 브레인을 포함한 바르크 우주를 만들어 내는 것이다.

이 브레인은 물질로 가득 차 있으므로 질량을 가지고 있고, 이 질량이 잉여차원을 비뚤어지게 하고 있다. 이러한 생각은 물질(질량)이 공간을 굽게 한다고 설명한 아인슈타인의 일반상대성이론과 같다. 결국 이 브레인 우주모델은 '비뚤어진 5차원 공간'을 예언하고 있다.

또 이 비뚤어짐은 아주 강력하므로, 거기에는 '사상(事象)의 지평선'이 생긴다—즉, 지금까지 무한원점까지 미칠 것으로 생각해 온 중력조차 브레인에서 유한한 거리까지 밖에 작용하지 않는다는 것이다.

이러한 브레인 우주모델을 우리들은 어떻게 머릿속 그리고 마음속에 그릴 수가 있을까?

그림 7은 고차원의 바르크 속에 존재하는 3차원 브레인, 즉 우리들에게 보이는 우주를 2차원으로 표현한 것이다. 그림에서는 틀 안에 넣

그림 7 브레인 우주모델

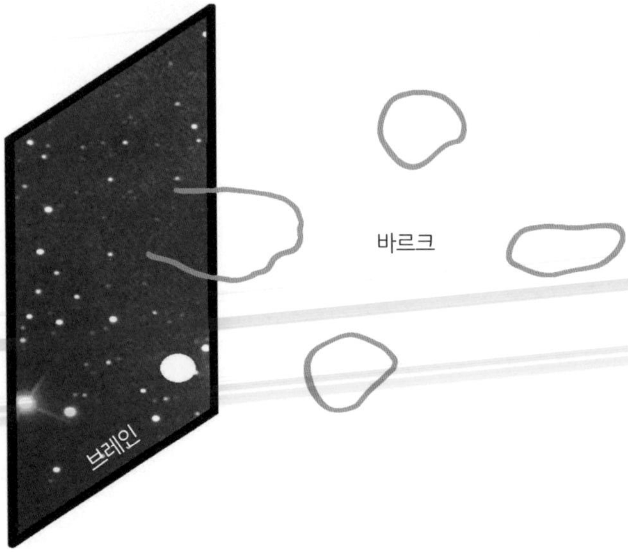

이 가설에 의하면 우리가 보는 4차원 시공간(3차원 공간과 시간)의 우주는, 브레인(뇌)의 표면에 닫혀 있고, 이 브레인은 보다 고차원의 '바르크'라고 부르는 5차원 시공간에 포함되어있는 것이 된다.

(자료: L. Randall, Warped Passages(숨겨진 우주), Allen Lane(2005))

어서 그리고 있지만, 실제로 이 브레인은 각각의 차원을 따라서 무한하게 퍼져간다. 그리고 물질계의 모두가 이 브레인에 갇혀 있다. 바르크를 보고 들을 수 있는 것은 유일한 중력뿐이지만, 거기에서는 바르크 속을 자유로이 운동하는 '닫은 끈'이 매개 역할을 하고 있다.

'중력 브레인'과 '약한 브레인'의 사이

초기의 브레인 우주모델에서는 단 하나의 브레인 밖에 고려되질 않았다. 그러나 후에 이론가들은 모델을 확장하여 두 개의 브레인을 도입하게 되었다.

이 개량형 브레인 우주모델은 병행하는 두 브레인 우주모델로 구성되어 있다(그림 8). 거기에는 바르크가 샌드위치와 같이 브레인과 브레인 사이에 끼어 있었다. 따라서 병행하는 두 브레인 우주 밖에는 아무런 영역도 존재하지 않고, 각각의 브레인 우주의 끝에서 둘러싸여 있는 바르크에 시공간의 모두가 퍼져 있다.

이 우주모델이 마음에 드는 성질은, 왜 우리들에게 중력이 아주 미약한 힘으로 느껴지는지를 잘 설명할 수 있는 것이다. 중력은 왜 원자 사이의 힘(강한 힘과 약한 힘) 및 전자기력과 비교하여 터무니없이 약한 것인가—이것은 물리학자들이 아주 그 이유를 찾아서 구해온 문제이기도 하다.

그러나 이 우주모델에서 중력이 약한 것은 두 개의 브레인 우주 어느 것인가에 있어서이며, 우주는 페어(짝)로 존재한다는 견해도 그 때

그림 8 두 개의 브레인 우주

이 모델에서는 우리들의 우주가 존재하는 브레인 우주와 또 하나의 브레인 우주 사이에 바르크 공간이 퍼지고 있다.

문에 생겨난 것이다. 거기에는 뭔가가 두 개의 브레인 우주 사이를 왔다갔다하면, 예를 들어 그 질량은 크게 되기도 하고 작아지기도 한다. 이것은 브레인과 브레인 사이에 퍼지는 공간이 왜곡하고 있다는 단순한 이유 때문이다.

그러면 이번에는 두 개의 브레인 우주와 중력의 관계를 생각해 보자. 중력이 두 브레인 우주 중 어느 쪽인가—'중력 브레인'이라고 이름이 붙어 있다—한편에 구속되어 있다고 하자. 이 브레인 우주에서 중력은 다른 세 힘과 같은 강도를 가지고 있다. 그러나 바르크가 왜곡하고 있으므로, 가끔 우리가 살고있는 또 한쪽의 브레인 우주, 즉 '약한 브레인'에서 중력은 약하게 되어있다.

다른 표현을 쓰자면, '중력장은 잉여차원 속에서 퍼져가고 있다'라는 것이 된다. 그 이유 때문에 중력은 우리가 사는 약한 우주 브레인에 도달하기까지 약하게 되어 버린 것이다. 실제로 우리가 알고 있는 중력은 아주 미약하지만, 그것은 중력장이 퍼져감에 따라서 중력의 크기가 지수 함수적으로 몇십 자리나 약해졌기 때문이라는 것이 된다.

이렇게 해서 두 개의 브레인 우주는 그 정도 크게 떨어져 있지 않음에도 불구하고, 그 질량에 터무니없이 큰 차—16자리 즉, 1조 배 × 1만

그림 9 중력 브레인과 약한 브레인

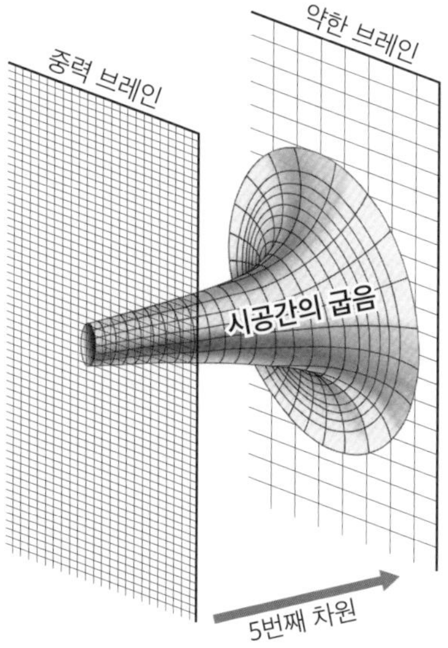

우리들의 우주가 있는 '약한 브레인'과 또 하나의 브레인인 '중력 브레인'은, 왜곡한 5차원 시공간(바르크)으로 격리되어 있다. 대상물이 중력 브레인으로부터 약한 브레인으로 이동함에 따라서 크기는 증대하지만 질량과 에너지는 감소한다. 결국, 약한 브레인에서는 중력이 훨씬 약하게 된다.

(자료: Lisa Randall, Warped Passages(2005))

배의 차이—가 생기게 된다(그림 9).

브레인 우주모델에는 다른 모양도 있다. 랜들과 선드럼이 발견한 이 모델은 아주 기묘한 가능성을 나타내고 있다. 그것은 왜곡한 5차원은 무한하게 펴져가고, 우리들에게는 어떻게 해서 그런지 눈치를 채지 못한다는 것이다. 그 경우 약한 브레인에는 끝, 즉 5차원과의 경계가 존재하지 않는다. 그리고 이 브레인은 단지 '무한 수의 잉여차원' 속에 팽개쳐 지고 있을지도 모른다는 것이다.

'KK입자'의 출현을 바라며

지금까지 살펴본 것처럼, 브레인 우주는 기기묘묘한 세계이다.

끈 이론의 개척자 중 한 사람인 앞에서 나온 피에르 라몽은, 일전에 갔던 강연에서 다음처럼 이야기했다.

"하여간 브레인 세계에 의하여 우리 머릿속은 여러 가지 아이디어로 가득 차 있고, 그것이 실제로 무엇을 의미하고 있는지 나는 모른다"

일부 이론가는 브레인 우주모델이 보이는 이러한 불가사의한 모습에 흥분함과 동시에 실험에 의해서도 흥분을 일으키는 결과가 얻어지는 것이 아닌가라고 기대하고 있다. 그들은 고차원 시공간으로부터 튀어나오는 입자를 목격할 수도 있지 않을까 생각하는 것이다.

그러한 기대를 품고 있는 한 사람인 리사 랜들은 그 입자, 즉 이 우주모델로부터 보내올지도 모르는 가정적인 사자를 '칼루차-클라인 입자'—줄여서 KK입자—라고 부르고 있다. 그녀는, 그 입자는 잉여차원을 기원으로 하고 우리가 사는 4차원 시공간에 특별한 모습을 하고 나타날 것으로 예언하고 있다.

그렇지만 도대체 어떻게 하면 그런 입자를 관측할 수 있을까? 우리들은 이 책의 제5장에서 '플랑크 길이'로와 compact화 한 잉여차원에는 어떻게 하더라도 가까이 갈 수 없다는 것을 이해했다. 인류문명이 갖는 강력하고 생각할 수 있는 어떠한 미래의 관측기술을 가지고 있다 해도, 그것을 실제로 눈으로 보는 것은 도저히 불가능하다.

하지만 브레인 우주모델에서 잉여차원은 플랑크 길이를 훨씬 넘을지도 모르고, 그것은 수 mm라는 쉽게 관측할 수 있는 길이부터 랜들의 말에 따르면 '무한의 길이'조차 있을 수 있다고 한다.

브레인 우주모델이 시사하는 강력하게 왜곡한 기하학적 세계에서는, KK입자가 갖는 에너지(질량)는 테라 전자볼트, 즉 1조에서 수조의 볼트 수준이다. 만일 KK입자가 정말로 존재한다면, 이만큼의 초 고에너지를 주면 이 입자는 우리들 앞에 모습을 나타낼 가능성이 있게 된다.

그리고 지금 지구상에는 그 에너지를 만들어 내는 성질을 가진 실험장치가 존재한다. 지금까지 이미 들어 준 스위스의 CERN(유럽 원자핵 연구기구)에 있는 대형 하드론 충돌형 가속기 LHC이다(179쪽 칼럼 ① 참조).

이 가속기 속에서는 원자핵(양자)이 매초 30만 km의 빛의 속도에 가까운 스피드로 충돌한다. 그 순간에 양자는 충돌에너지에 의해 붕괴되고, 아주 불안정한 고에너지의 새로운 입자를 만들어 낸다. 그 입자는 모습을 나타내는 즉시 붕괴되고, 거대한 검출장치로만 관측할 수 있을 정도의 저에너지의 입자를 만들어 내고 소멸한다.

KK입자도 이러한 입자와 마찬가지로 이 가속기에 의하여 생성 붕괴한다고 본다. 그리고 입자가 붕괴될 때 생성물질을 조사하여, 거기로부터 원래의 질량과 스핀을 다시 구축할 수 있으면 KK입자, 즉 칼루차-클라인 입자가 가지고 있을 특징적인 성질이 밝혀질 것이다.

그것은 우리가 브레인 우주의 주인이라는 증거를 마침내 손에 넣는 눈이 아찔한 순간일지도 모른다.

더 알아보는 차원이야기

차원과 공간에 대한 수학자나 물리학자의 강론과 연구는 아직 종착역에 이르기에는 멀다. 살아있는 인간에게 이 세계는 3차원이고, 어쩌면 4차원 시공간일지도 모른다는 것이 고작일 것이다. 그렇지만 우리가 이 세계를 정말로 과학적으로 이해하려면, 지금부터라도 차원을 탐구하는 것을 늦추어서는 안 된다.

수학자와 물리학자의 묘비명

앞서 우리는 '차원'의 의미와 여러 가지 해석에 대하여 살펴보았다. 차원이 0차원부터 무한차원까지 말 그대로 무한하게 존재할 수 있는지 말이다.

그렇지만 인간이 살고있는 이 우주에 차원이라고 부르는 눈에 보이거나 손으로 만질 수 있는 뭔가가 존재할 리 없다. 마루의 카펫을 젖히거나 지면을 파서 들어 올려도 차원이 얼굴을 보여주지 않고, 허블 우주망원경으로 아주 멀리 있는 은하를 관측해도 거기에 차원이 표류하지는 않는다. 또는 카펫 밑의 마루이거나 땅속의 흙, 바위 혹은 멀리 있는 은하를 만들고 있는 항성이나 별 사이 가스라는 리얼한 물질이다.

그럼에도 불구하고 차원에는 인류문명의 시간과 동일한 정도의 역사가 있다. 그것은 인간이 자기가 살고있는 공간적 세계가 어떤 것인지를 이해하고, 그것을 보편적인 법칙으로 정의하려고 해왔던 고대 그리스 이래의 지적 탐구의 역사이다.

차원은 누구에게도 직감적으로 이해할 수 있는 3차원 공간으로 시작하여, 수학적인 4차원, 더욱이 이론물리학이나 공상과학의 팬을 매료시키지 않고서는 안될 4차원 시공간의 시대를 통과해 왔다. 그리고 20세기의 중반 이후가 되면서, 양자역학이라는 전혀 새로운 물리학의 조류에 합류한 사람들이 장의 양자론이라는 큰 바다를 헤치며 나아가 거기에서 끈 이론, 초끈 이론, M이론, 다차원 우주, 브레인 우주 등을 차례차례로 만들어 내 왔다. 이러한 새로운 아이디어나 이론의 아버지가 되고 어머니가 된 그들은 뉴턴적인 3차원 공간이나 아인슈타인적인

4차원 시공간에는 전혀 만족하질 못하고, 인간은 고차원이나 다차원의 세계 또는 잉여차원의 우주의 주인이라고 주장하고 있다.

그들은 우리들처럼 살아있는 인간이 매일 기뻐하고 슬퍼하며 고민하고 있는 현실 세계는 실제로 비현실이라고 말하고 있기도 하다.

그렇지만 만일—저 '위대한 파인만'이 이야기한 것처럼, 그들이 구하고 있는 것은 '전혀 틀린 방향'을 향하고 있을 가능성도 없지 않다. 그것은 인간의 지적 탐구의 여정을 벽에 머리를 부딪힌 방향으로 또는 몇 천 km를 흘러온 물이 마지막으로 나이아가라 폭포 용소로 떨어져 물방울처럼 흩어지는 운명으로 이끌리고 있는지도 모른다.

그러나 여기서는 당장 어떤 결론도 이끌어낼 필요 없고, 누구도 내일의 풍향이나 미래의 도달점을 예견할 수는 없다고 생각하자.

차원의 역사는 소위 차원을 한결같이 고찰하는 사람들 그리고 거기에서 생겨난 차원을 필요로 하는 사람들의 전매특허 같은 일의 역사였다. 그런 사람들로는 고대의 자연철학자, 근대의 수학자나 물리학자 그리고 현대의 우주론학자라는 '차원의 학생들'이다.

시대로는 훨씬 앞장서서 새로운 공간이나 시간의 견해를 제기한 이런 사람의 대부분은, 지금에서 대 수학자나 대 물리학자로서 역사에 그들의 이름을 남기고 있다. 지금 새로운 차원의 세계관에 몰두하고 있는 사람들도, 또한 내일은 위대한 과학자로서 묘비명을 새길지도 모른다.

그때까지 우리 일반 사회의 직무는 그들이 마침내 성공을 거두고, 이 세계가 다차원이나 잉여차원으로부터 성립되는 것을 실증에 의해 보이거나 M이론, 브레인 우주가 21세기적인 회답을 가져오는 날을 인내심 있게 기다리는 일일 것이다.

시간의 존재와 비존재

그들이 이 문제로 앞으로 나아갔다 하더라도 종착역은 훨씬 앞이다. 이 책에서는 지금까지 시간도 집어삼킨 차원(시공간)은 이 우주의 본래적인 성질이라는 전제하에서 이야기를 전개해 왔다. 그러나 이 우주는 정말로 이 전제로밖에 존재하지 않는 것일까?

원래 인간이 시간이란 무엇인가라는 물음에 대하여 보편성 있는 답을 낸 적이 없다. 예를 들어 이 책에 지금까지 그 이름이나 업적을 써서 기록해온 것처럼 역사상의 사람들이라도 그렇다.

여기에서 말하는 시간은 1분 1초를 어떻게 해서 결정할지를 측정대상이 아니고, 시간이란 무엇인가라는 근원적인 질문의 대상이다. 예를 들면 시간은 자주 이렇게 정의된다—'사물이 과거에서 미래로 연속적이면서 불가역적으로 살아나는 비공간적인 연속체'.

독자는 이 설명으로 어디까지 납득할까. 이것은 단지 수학이나 물리학 또는 공학 분야에서 쓰이는 '연속체'라는 개념에 의하여 시간이 갖는 성질을 말하는 것뿐이다.

연속체(continuum)는 어떤 대상을 '무한소의 연속한 점(= 0차원)'으로 보는 개념으로, 거시적인 모델을 계산적으로 취급할 때의 기술적인 용어이다. 그 의미는 '미세한 것은 말할 필요 없이 일련의 사물을 뭉쳐보면 크게 틀리지 않다'라는 것이다. 원래 엄밀성에 부족한 것이다.

4차원 시공간은 때때로 이 용어를 써서 '시공간 연속체'라고 부르지만, 이것도 공간과 시간을 상대성이론이라는 공통법칙에 의하여 해석하려고 할 때 부르는 이름이다. 실제로 이 이론은 우주적인 거시적 스케일이나 빛의 속도에 가까운 빠르기로 운동하는 물체에 대해서는 대개 성립하고 천체관측으로 확인되어왔다. 그 때문에 이 이론에 바탕을 두고 어떤 엉뚱한 이야기로도 마음껏 생각하는 것이 허용되어왔다. 일반상대성이론을 사용하는 한 누구도 난센스라고는 말하지 않고, 그렇게 말할 수 있는 만큼의 확신도 없다.

그렇지만 다른 쪽에서 우리 신변의 공간과 시간이 시골 약장수의 만능약처럼 둥글게 뭉쳐 삼켜버리므로 우리들이 어디까지 시공간 연속체의 주인인지를 물리학자들조차도 분간할 수가 없다. 그러므로 지구의 표면공간에서 지구 시간에 맞추어 살고있는 인간에게는, 공간은 지금도 '절대공간'인 채 그대로이고 시간 역시 '절대시간' 그대로이다.

그래서인지 과학이라는 도구를 당분간 옆에 두고 철학적 시점으로 본다면, 이 우주에 시간이 존재하는지 어떤지조차 분명하지 않다.

이미 2000년이나 전에 고대 그리스의 철학자 파르메니데스는 시간이 갖는 비실재적인 성질을 문제 삼았다(그림 1). 그는 시간이라는 것은 존재하지 않는 것처럼 보인다고 말하고, 모든 변화는 본격적으로 일어날 수 없다는 것을 다음과 같이 말했다.

어떤 물체가 어느 거리를 운동하는 데는, 우선 그 거리의 최초의 무한 분의 1 거리를 운동하지 않으면 안 된다. 그러나 어떠한 물체도 이러한 운동을 무한 번 반복할 수는 없으므로, 결국은 어떤 거리의 운동도 불가능하다. 다시 말하면 사물이 변화하는 것은 있을 수 없고, 따라서 시간의 흐름이라는 것도 존재하지 않는다. 사물은 그 자체로 완결된 것이고, 변화 도중의 상태는 없는 것이다.

이와 같은 의미로 파르메니데스의 제자인 제논도 주장하고 있다.

그림 1 파르메니데스(Parmenides, B.C. 515?~BC450?)

모든 진리의 바탕은 이성인데, 이성에 의하여 생각할 수 없는 것은 존재하지 않는다하고, 엘리아학파를 확립했다.

그는 물체가 운동한다는 것은 있을 수 없다고 했다. 왜냐하면 한 번 봐서 움직이는 것처럼 보이는 물체도 각각의 순간에는 정지하고 있으므로 물체는 운동할 수 없다. 물체는 순간에서 순간으로 차례차례 공간을 차지하는 것뿐이다.

고대 로마의 공용어였던 라틴어에는 '시간은 행복한 때에만 흐른다'라는 속담도 있다. 과학자가 시간을 객관적으로 정의할 수 없다면, 이러한 시간론에도 진실성을 인정하지 않으면 안 된다.

우리는 어디에 있는가?

이것은 고대 철학자들만의 견해는 아니다. 영국의 현대 이론물리학자 줄리안 바버(사진 1 위)도 1999년에 출판한 유명한 저서 『The End of Time(시간의 종말)』(사진 1 아래)에서, 우주의 거시적 스케일의 성질을 예언하는 일반상대성이론과 미시적 스케일의 성질을 예언하는 양자역학

사진 1 줄리안 바버(Julian Barbour, 1937~)

인간이 '시간'이라고 느끼는 것은 무수한 순간이 겹쳐진 환상뿐이라고 바버 박사는 말한다. 오른쪽은 그의 저서 『The End of Time(시간의 종말)』이다.

에 대한 깊은 고찰로부터 '흘러가는 시간'은 존재하지 않는다고 결론을 내리고 있다. 이것은 파르메니데스의 견해와 완전히 겹치고 있다.

바버 박사에 의하면 인간이 시간이라고 느끼고 있는 것은 우리들의 환상에 지나지 않는다. 현대 물리이론이 안고 있는 여러 가지 곤란한 특히 일반상대성이론과 양자역학을 통일하여 양자 중력이론—즉, '궁극의 이론' 또는 'Theory of Everything'—을 만들어 내려는 시도가 벽에 부딪히고 있는 것은 이들 이론이 시간의 존재를 전제로 하고, 그럼에도 불구하고 시간을 전혀 다른 성질로 파악하여 생각하고 있기 때문이라고 한다.

더욱이 그는 인간이 과거라고 생각하는 것은 인간 기억의 산물만이 아니고, 또한 미래라고 생각하는 것은 인간이 미래의 존재를 믿지만 존재하는 것에 지나지 않는다고 했다.

'변화는 시간의 환상을 생기게 만드는 것뿐이고, 개개의 시간은 그 자체로 완전하며 전적으로 존재하고 있다'—이렇게 주장한 그는 순간순간을 'nows('지금'의 복수형)'라고 부르고 있다.

그의 견해에 의하면 이 우주에는 운동이나 변화도 존재하지 않는다. 우리가 시간이라고 굳게 믿는 것은 '운동이나 변화 또는 역사라고 해석될 만큼 고정화된 패턴'이다.

바버 박사보다 1세기 전, 케임브리지 대학의 철학자, 형이상학자인 존 맥타가트도 1908년에 지은 저서 『시간의 비현실성(The Unreality of Time)』에서 이것과 공통된 결론을 내리고 있다.

이 문제에 대해서는 맥타가트와 같은 시대의 아인슈타인의 말도 인용해 두어야 할지도 모르겠다. 아인슈타인은 이렇게 쓰고 있다—'물리학을 믿는 우리와 같은 인간은 과거와 현재와 미래를 구별하는 것이 단지 어리석은 환상에 지나지 않는 것을 알고 있는 것이다.'

또한 쿼크 이론에 의하여 1969년에 노벨물리학상을 수상한 머리 겔만의 표현을 빌리자면, 이 세계에 모습을 드러내는 것은 무엇이든 「시간 속에 '동결'되어 있던 우연」이 해방된 결과라고도 한다.

이렇게 해서 조금만 시점을 바꾸어 보면 많은 현대 물리학자가 믿고 의심하지 않는, 또한 중학생부터 고령자에 이르기까지 일반 사회에서 너무나도 인기가 높은 상대성이론이 만들어 낸 4차원 시공간이나 그 나중에 나타난 보다 고차원에서 기기괴괴한 다차원 우주에 대하여 얼마간의 의문이 생긴다. 이것은 신참의 수학적 트릭에 매혹된 현대물리학이 연기하는 매직 쇼가 아닐까라고.

그렇지만 여기에서도 21세기 초를 살고있는 우리들에게 그 해답은 없다. 가로와 세로와 높이를 느끼며 살고있는 우리들은 적어도 3차원 세계의 주인인 것 같다. 만일 거기에 시간의 차원이 융합된 4차원 다양체의 일부인지도 모른다. 혹은 우리들은 터무니없이 넓은 두 개의 브레인 우주에 낀 바르크 우주에 떠 있는 무수한 거품 우주의 하나인 이 우주의 한쪽 구석에서 알 수 없는 의문에 머리를 싸매고 잠 못 드는 밤을 보내고 있는지도 모른다. 바버 박사가 말하는 '고정되고 정지된 무수한 순간'이라는 시간 속에서 '플랑크 길이의 끈'의 진동으로 조립된 마이크로한 유기체로서 말이다.

참고문헌

『プラニバース―二次元生物との遭遇』	A.K.デュードニー (工作舎、1989年)
『フラットランド―多次元の冒険』	エドウィン・アボット・アボット／ 注釈・イアン・スチュアート (日経BP社、2009年)
『曲面と3次元多様体を視る―空間の形』	J.R.ウィークス (現代数学社、1996年)
『ガウスの生涯』	G.W.ダニングトン (東京図書、1992年)
『リーマン―人と業績』	D.ラウグヴィッツ (シュプリンガー・フェアラーク東京、1998年)
『幾何学基礎論』	D.ヒルベルト (ちくま学芸文庫、2005年)

R. P. Feynman, The Character of Physical Law, November (1964) Cornell Lectures, broadcast and published in 1965 by BBC

Michio Kaku, Hyperspace , Oxford University Press (1995)

Dennis Overbye, "Lisa Randall: On Gravity, Oreos and a Theory of Everything", New York Times, November 1 (2005)

David J. Gross, Gauge Theory -- Past, Present, and Future? (1992) : http://psroc.phys.ntu.edu.tw/cjp/v30/955.pdf

Lisa Randall, Warped Passages : Unraveling the Mysteries of the Universe's Hidden Dimensions (2006)

Brian Greene, The Elegant Universe,Vintage (1999)

Brian Greene, The Search For Hidden Dimensions, RDF TV : http://www.youtube.com/watch?v=BB1B42HYvZg

Hubert F. M. Goenner, On the History of Unified Field Theories (2004) : http://relativity.livingreviews.org/Articles/lrr-2004-2/download/lrr-2004-2Color.pdf

Pierre Ramond, STRINGS and the MYSTERIES of PARTICLE PHYSICS (2002) : http://www.phys.ufl.edu/~ramond/LUST_files/frame.htm

Lee Smolin, The Trouble with Physics, Boston (2006)

Roger Penrose, The Road to Reality, London (2004)

http://www-history.mcs.st-andrews.ac.uk/
http://www.wolframscience.com/reference/notes/876b
http://www.kek.jp/newskek/2004/janfeb/nanotube.html
http://www.sp.phy.cam.ac.uk/SPWeb/research/FQHE.html
http://www.math.ubc.ca/~cass/Euclid/byrne.html
http://www.iep.utm.edu/leib-met/
http://www.bu.edu/wcp/Papers/Mode/ModeMalz.htm
http://cgpg.gravity.psu.edu/people/Ashtekar/articles/rovelli03.pdf
http://relativity.livingreviews.org/Articles/lrr-1998-1/

찾아보기

ㄱ

강한 힘 111
게이지 대칭성 150
게이지 불변성 150
게이지이론 150
고트프리트 라이프니츠 73
공리 22
공준 22

ㄴ

난부 요이치로 161
니콜라이 로바쳅스키 49
닐스 보어 133

ㄷ

대칭변환 182
대칭성 111
대통일이론 91, 111
데디킨트의 절단 27
데카르트의 우주 69
둥글어진 5차원 135
등가원리 114
디리클레 52

ㄹ

로버트 포워드 63
로저 펜로스 195
루이 드 브로이 136
루트비히 슐레플리 91
루프양자중력이론 85
르네 데카르트 68
르장드르 48
리만 계량 텐서 120
리만 기하학 53, 95
리만 다양체 95
리사 랜들 141, 201
리 스몰린 137
리처드 파인만 194

ㅁ

마이클 그린 177
맥스웰이론 136
메르카토르 도법 54
모르와이디 도법 54
물통 실험 75
민코스키 공간 91
민코스키의 시공간 104

ㅂ

바르크 우주 201
반감기 112
베른하르트 리만 51
베타붕괴 153
보여이 48
볼프강 파울리 136
브라이언 그린 141
브레인 우주모델 202
비유클리드 95
빅뱅우주론 80

ㅅ

선의 나라 32
스반테 아레니우스 133
시공간 91
시공간의 '사자 파' 132
싱 퉁 야우 189
쌍곡면 50

ㅇ

아서 에딩턴 115
아우구스트 페르디난트 뫼비우스 92
아이작 뉴턴 72
아킬레스와 거북이의 역설 26
아킬레스의 역설 25
알레프제로 30
알렉산드로스 대왕 22
알베르트 아인슈타인 96
암흑 에너지 166
약한 브레인 203
약한 힘 111
양-밀 이론 161
양의 곡률 60
양첸닝 160
에드워드 위튼 191
에드윈 허블 81
에른스트 마흐 76
에우제니오 칼라비 189
연속체 212
오스카 클라인 133
우주배경방사 84
우주상수 193
우주탄생이론 80
유럽 원자핵연구기구 112
유클리드 21
유클리드 기하학 19
유클리드의 『원론』 22, 42
음의 곡률 60
일반상대성이론 95
입자가속기 179
입자의 분류 157
입자의 충돌 156
잉여차원 90

ㅈ

전자기력 111
절대공간 74, 126
절대시간 126
제곱잉여의 법칙 47
제논 25
제임스 맥스웰 114
존 슈워츠 174
줄리안 바버 215
중력 111
중력 브레인 203
중성자별 64
진동하는 끈 169

ㅊ

찰스 하워드 힌턴 57
초공간 152, 185
초대칭성 111, 172
초대칭성입자 180
초중력 196
초중력이론 197
최소제곱법 47

ㅋ

칸토어 28
칼라비-야우 공간 146
칼라비-야우다양체 186
칼 프리드리히 가우스 45
코크 도형 37
쿼크와 레프톤 159
크로노스 100

ㅌ

테오도르 칼루차 131
토리첼리의 실험 70
토모나가(朝永一郎) 34
토모나가-라틴져 유체 35
특수상대성이론 107

ㅍ

파르메니데스 214
파스칼 70
페르미온(페르미입자) 171
페아노 곡선 38
평면곡률 60
평행선의 공준 42
포톤 175
폴리토프 93
표준이론 152
프렉탈 도형 37
프린스턴 현악4중주단 189
프린키피아 99
플라톤 20

플라톤 입체 86
플랑크 길이 136

ㅎ

하우스도르프의 묘 39
하우스도르프 차원 38
헤르만 민코스키 103
헤르만 와일 128
헤테로형 초끈 이론 189
헬리오트로프 78
휘어지는 우주 147

기타

2차원 다양체 53
4차원 다양체 91
4차원 시공간 168
4차원의 다포체 94
5차원 공간 144
6차원 공간 144
6차원 시공간 188
10차원 다양체 187
26차원 168
DNA 분자 33
Flatland 58
KK입자 207
M이론 191

신비로운 차원의 세계

초판 인쇄 | 2022년 7월 15일
초판 발행 | 2022년 7월 20일

지은이 | 신카이 유미코 · 하인츠 호라이스 · 야자와 키요시
옮긴이 | 전재복
펴낸이 | 조승식
펴낸곳 | 도서출판 북스힐
등록 | 1998년 7월 28일 제22-457호
주소 | 서울시 강북구 한천로 153길 17
전화 | 02-994-0071
팩스 | 02-994-0073
홈페이지 | www.bookshill.com
이메일 | bookshill@bookshill.com

값 15,000원
ISBN 979-11-5971-435-1